卷首语

　　历史是面镜子，但握在不同人的手中，可能映照出不同的风景。其间的玄机，有时往往比历史本身更加错综复杂。对于常人而言，一面"昏镜"难以"正衣冠"，相应地，以被蒙蔽的历史为鉴，亦无从"知得失"。历史本身可以很公平，你出于什么目的，怀揣怎样的态度，用何种手段观望它，它一定会以相应的表情作为回馈。因此，对于牵涉历史的问题，只有端正踏实的做派才有可能触及最大程度的真实，而一切戏谑轻佻、玩世不恭，或意图剑走偏锋的投机行为往往最后只得被历史早已设下的一个更大的玩笑所捉弄。

　　幸运的是，在对待历史问题上，我们从不缺乏孜诚恳勤勉的学者，正是他们孜孜不倦地上下求索，才能将尘封的真相还原示众。本期《住区》策划的主题报道"历史住区"，则可视作以上诸多凿凿之言的明证。

　　毋庸赘言，人类住区的历史是悠远而绵长的。而"历史住区"，或称历史聚落(Historical Settlement)，则涵盖了从古至今、历朝历代的传统城镇、街区、村庄等人类生活聚居区，是文化遗产的重要类型。作为传承地区文化、延续历史文脉、串联其他各类遗产的结构性遗产资源，其规格各异、形制不一，却拥有鲜明而统一的价值取向——保障、维系乃至创造、提升人于其内部而进行的各项生命活动。这是值得我们予以特别关注的一面镜子，它反射出的是千百年来人为之生而进行的思考、追求与尝试。其中蕴含的先民智慧与历史文化，无不对现在与未来具有必然而又不可预知的启示。因此，"历史住区"的保护与发展长期以来一直是国内外建筑与规划学界的重要研究领域，并拥有一系列国际公约与章程以规范其原则、目标与方法。

　　位于河北太行山区的国家级历史文化名村——英谈是本期刊物的主角。其地方建筑文化、聚落形态与山水格局、民间组织与公共事业、经济发展与遗产保护，以及村镇保护规划编制等在收录的文章中均有涉及。我们希望以此尽己所能地将这面镜子擦得更明亮，从而令读者能够随我们一道真真切切地看个畅快。

　　同时，我们亦提请读者关注本期其他的重要内容。地理建筑中介绍了内蒙古蒙古包与三都澳海上渔村两种独特而经典的住居形式，让我们了解了当地居民如何因地制宜，探索出朴实致用的生息之道。而约翰·汤普逊及合伙人事务所(JTP)则以自身在欧洲各地的成功项目，及英国"建筑为生活"(The Building for Life Awards)大奖的褒赏，向我们阐释了在城市规划与建筑设计过程中，公众参与、集思广益无可替代的重要地位。它们构成了更多棱、立体的镜面，让我们得以捕捉自身更多的细节，这恐怕是还原出完整而客观自我的最为有效的手段。所以，我们应该怀着平和、包容的心，树起更多的镜子，并时常细细端详，看看里面会映射出我们怎样的过去、现在与未来。

图书在版编目（CIP）数据

住区.2009年.第3期:历史住区/《住区》编委会编.
—北京:中国建筑工业出版社,2009
ISBN 978-7-112-11011-7
I.住… II.住… III.住宅－建筑设计－世界
IV.TU241

中国版本图书馆CIP数据核字（2009）第085999号

开本:965×1270毫米1/16　印张:7½
2009年6月第一版　2009年6月第一次印刷
定价:36.00元
ISBN 978-7-112-11011-7
　　　　　(18253)
中国建筑工业出版社出版、发行(北京西郊百万庄)
各地新华书店、建筑书店经销

利丰雅高印刷（深圳）有限公司制版
利丰雅高印刷（深圳）有限公司印刷
本社网址: http://www.cabp.com.cn
网上书店: http://www.china-building.com.cn
版权所有　翻印必究
如有印装质量问题，可寄本社退换
（邮政编码 100037）

目录

主题报道　　　　　　　　　　　　　　　　　　　　　　　　　　　　　　　　　　　　Theme Report

06p. 英谈村落空间价值特色研究　　　　　　　　　　　　　　　　　　　　　　霍晓卫　何仲宇　徐碧颖
　　　　Feature and Value of Spatial Arrangement in Yingtan Village　　　Huo Xiaowei, He Zhongyu and Xu Biying

12p. 古村英谈的村落布局艺术探析　　　　　　　　　　　　　　　　　　　　　　　　　　　　吴凇楠
　　　　An Analysis of the Art of Historic Village Yingtan's Qverall Layout　　　　　　　　Wu Songnan

16p. "堂"文化与"堡"文化：　　　　　　　　　　　　　　　　　　　　　　　　　王韬　刘斌　赵勇
　　　　——历史文化村落的地域性传统社会组织与空间形态　　　　　　Wang Tao, Liu Bin and Zhao Yong
　　　　Clan and Castle: Traditional Local Social Organizations
　　　　and Their Spatial Patterns in Rural Hebei

20p. 英谈村历史风貌破坏的社会经济原因调查报告　　　　　　　　　　　　　　　　　　　　　　李阿琳
　　　　The Social-economic Investigation of the Historic Village Yingtan　　　　　　　　　　Li Alin

24p. 英谈历史文化名村保护规划研究　　　　　　　　　　　　　　　　　　　　赵勇　霍晓卫　顾晓明
　　　　Study on Conservation Planning of Yingtan Historic Village　　Zhao Yong, Huo Xiaowei and Gu Xiaoming

32p. 河北民居调研报告　　　　　　　　　　　　　　　　　　　　　　　　　　　　　吴凇楠　何仲禹
　　　　Rural Residential Architecture Survey in Hebei Province　　　　　　　Wu Songnan and He Zhongyu

38p. 历史文化名村迤沙拉村调查与研究　　　　　　　　　　　　　　　　　　　　　　黄靖　古红樱
　　　　Survey and Preparatory Study on Historical Village Ishala　　　　　Huang Jing and Gu Hongying

44p. 宽窄巷子：从深度设计走向重生　　　　　　　　　　　　　　　　　　　　　　　　　　　　张力
　　　　——对宽窄巷子设计理念的文化解读　　　　　　　　　　　　　　　　　　　　　　　Zhang Li
　　　　From In-depth Design to Rebirth
　　　　A cultural interpretation to the design concepts of China Lane

48p. 成都宽窄巷子历史文化保护区保护工程实践经验　　　　　　　　　　　　　　　　　　　　黄靖
　　　　Experiences from the Preservation Works at China Lane in Chengdu　　　　　　　Huang Jing

海外视野　　　　　　　　　　　　　　　　　　　　　　　　　　　　　　　　　　Overseas viewpoint

54p. 营造良好的城市空间需要公众参与　　　　　　　　　　　　　　　　　　　　　　　　　　住区
　　　　——专访约翰·汤普逊及合伙人事务所（JTP）主席约翰·汤普逊先生　　　Community Design
　　　　Creating Good Urban Spaces Demands Public Participation
　　　　An interview with Mr. John Thompson, President of John Thompson and Partners (JTP)

56p. 复兴——英国斯卡伯勒海滨小镇　　　　　　　　　　　　　　　　约翰·汤普逊及合伙人事务所
　　　　Regeneration - Scarborough　　　　　　　　　　　　　　　　　　　　　　　　　　　JTP

60p. 零碳排放——英国Graylingwell社区　　　　　　　　　　　　　　约翰·汤普逊及合伙人事务所
　　　　Zero Carbon - Graylingwell　　　　　　　　　　　　　　　　　　　　　　　　　　　JTP

住区
COMMUNITY DESIGN

联合主编：	中国建筑工业出版社 清华大学建筑设计研究院 深圳市建筑设计研究总院有限公司
编委会顾问：	宋春华　谢家瑾　聂梅生 顾云昌
编委会主任：	赵　晨
编委会副主任：	孟建民　张惠珍
编委：	（按姓氏笔画为序） 万　钧　王朝晖　李永阳 李　敏　伍　江　刘东卫 刘晓钟　刘燕辉　张　杰 张华纲　张　翼　季元振 陈一峰　陈燕萍　金笠铭 赵文凯　邵　磊　胡绍学 曹涵芬　董　卫　薛　峰 魏宏扬
名誉主编：	胡绍学
主编：	庄惟敏
副主编：	张　翼　叶　青　薛　峰
执行主编：	戴　静
执行副主编：	王　韬
责任编辑：	王　潇　丁　夏
本期特约编辑：	王　蔚
特约编辑：	胡明俊
美术编辑：	付俊玲
摄影编辑：	陈　勇
学术策划人：	饶小军
专栏主持人：	周燕珉　卫翠芷　楚先锋 范肃宁　汪　芳　何建清 贺承军　方晓风　周静敏
海外编辑：	柳　敏（美国） 张亚津（德国） 何　崴（德国） 孙菁芬（德国） 叶晓健（日本）

CONTENTS

大师与住宅　　　　　　　　　　　　　Design Master and Housing

68p. 变形记　　　　　　　　　　　　　　　　　　　　　　　彭　嫱
J.A.科德奇与巴塞罗那ISM公寓　　　　　　　　　　Peng Qiang
The Metamorphosis
——José Antonio Coderch With His ISM Apartment Building in Barcelona

地理建筑　　　　　　　　　　　　　The Architecture of the Geography

77p. 游牧变迁中的游移到固定——蒙古包　　　　　汪　芳　王恩涌
Transition from Nomadic to Settled Living - Mongolian Yurt　　*Wang Fang and Wang Enyong*

83p. 浮在海上的村庄——三都澳海上渔村　　　　　汪　芳　王恩涌
A Floating Village - San Du Ao Village　　　　*Wang Fang and Wang Enyong*

地产视野　　　　　　　　　　　　　　　　　　　Real Estate Review

86p. 大连亿达东方圣荷西
Eastern San Jose, Dalian

92p. 大连亿达第五郡
Fifth County, Dalian

102p. 大连亿达蓝湾
Blue Bay, Dalian

住宅研究　　　　　　　　　　　　　　　　　　　Housing Research

112p. 利用文化重建复兴旧城街区的城市设计方法探讨　　　吴春苑
　　　　　　　　　　　　　　　　　　　　　　　　　Wu Chunyuan
Culture regeneration oriented urban design method used in the renaissance of traditional district

资讯　　　　　　　　　　　　　　　　　　　　　　　　　News

118p. Panasonic新风系统　　　　　　　　　　　　　　　　盛俐英
——住宅全新换气系统，改善居室生活质量　　　　Sheng Liying
Panasonic New Central Air System
New housing ventilation system and improved living qualities

封面：科德奇巴塞罗那ISM公寓墙体图解

理事单位：中国建筑设计研究院

北京源树景观规划设计事务所
R-Land
理事成员：胡海波

澳大利亚道克设计咨询有限公司
DECO-LAND
理事成员：

北京擅亿景城市建筑景观设计事务所
SYJ
Beijing SYJ Architecture Landscape Design Atelier
www.shanyijing.com　Email:bjsyj2007@126.com
理事成员：刘　岳

华森建筑与工程设计顾问有限公司
华森设计 HSArchitects
理事成员：叶林青

协作网络：http://www.abbs.com.cn
ABBS.com.cn

主题报道
Theme Report

历史住区，或称历史聚落（Historical Settlement），包括传统城镇、街区、村庄等人类生活聚居区，是文化遗产的重要类型，是传承地区文化、延续历史文脉、串联其他各类遗产的结构性遗产资源。

历史住区的保护与发展长期以来是国内外建筑与规划学界的重要研究领域。20世纪70年代以来，有关国际组织制定了一系列相关的重要国际公约或章程，详细规定了保护历史城镇和城区的原则、目标和方法。进入21世纪后，国际上对历史住区的保护又不断提出新的思路与要求，通过对"非物质文化遗产"、城市景观与"历史地区环境"的保护，逐步确立了历史住区与聚落的整体性保护观，将保护对象逐渐从历史住区本身发展到周边环境等有形物质，再扩展到民俗文化等无形遗产。我国对历史住区的保护发轫于20世纪80年代开始的历史文化名城保护，并通过1986年后的"历史文化街区"保护、以及21世纪初建立的历史文化村镇保护制度得到进一步完善。

对历史住区进行保护与发展研究的重要意义至少体现在三个方面。一是不同于"纪念物"，历史住区是可以生长变化的遗产类型，它在承载已有文化多样性的同时也孕育着未来的文化多样性，这是人类最宝贵的财富；二是历史住区中蕴含的丰富先民智慧与历史文化内容对于现在以及未来具有必然而又不可预知的启示；此外，通过研究能够协调历史住区保护与发展的关系、改善设施条件、提高居住与生活水平，具有巨大的现实意义。

这些重要意义也正是《住区》主题报道"历史住区"的初衷与目的所在。通过这一平台，介绍传统住区的文化特色与价值，探讨具体的传统住区保护与发展的规划思路与措施，提高我国历史住区保护的整体水平。

本期主题主要选择了位于河北太行山区的国家级历史文化名村——英谈，并从地方建筑文化、聚落形态与山水格局、民间组织与公共事业、经济发展与遗产保护的平衡、历史村镇保护规划编制等几个角度入手开展系列研究。这些研究都独立成文，但彼此间又相互联系，从不同侧面探讨英谈这一历史乡土住区的保护与发展，进而形成完整的研究框架。

希望能够得到读者朋友的认同与支持！

英谈村
Yingtan Village

英谈村是国家历史文化名村，位于河北省邢台市路罗镇境内，东距邢台市区70km，距离太行山大峡谷景区3.2km。小村地处太行山南部腹地，四周太行奇峰绵延环抱，万亩山场古树参天林立，环境幽雅僻静。因其地处太行深山区与浅山丘陵区的交界地带，地下水颇为丰富，村内有泉近十处，可谓"草木丰"、"泉水佳"。由于地处深山区，周围山体形成天然防护屏障，夏季无酷热，冬季不严寒。全村共有175户、640余人，耕地面积375亩，年人均纯收入1987元。英谈经济以第一产业为主，盛产板栗、核桃、玉米、苹果、桃、杏等林果产品。

英谈的历史最早可以追溯到唐朝末年，传说黄巢起义军曾在此地安营扎寨，召开群英会，故此得名"英谈"。英谈始建于明朝永乐二年（公元1403年），相传为一户路姓人家由山西洪洞移民而建，距今已有600余年历史。村东门门楣上刻有一行大字："大清咸丰七年九月吉日立"，是英谈现存最早的历史档案。

英谈的古村落保存完好，传统风貌醇厚，虽历经数百年沧桑，却风采依旧，具有极高的历史价值和人文价值。整个村子坐落在山前坡地上，依山就势，因地制宜，布局严整而灵活。村庄外围有寨墙护卫，村内街巷随坡就势，纵横交错、院落严整、秩序井然。当地居民就地取材，开山取石，用青、红两色砂岩石块建设家园，古朴天成，美观实用。石屋石瓦、石街石巷、石桥石堤、石凳石栏、石舂石杵、石磨石碾……大小均匀，建造精细，展示了别致的石材艺术。作为太行山传统建筑风格典型代表的贵和堂、中和堂、德和堂、汝霖堂建筑群，也展示了中国历史文化遗产的不朽魅力。

本研究课题为国家自然科学基金资助项目（项目批准号：50708048）

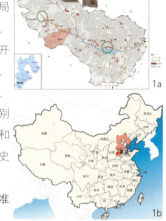

1a、1b. 英谈村区位示意图
2. 依山就势的院落群

* 本研究课题得到以下单位相关课题组的大力支持：
住房与城乡建设部：历史文化村镇保护规划编制办法
河北省建设厅：河北省历史文化村镇保护发展研究

英谈村落空间价值特色研究
Feature and Value of Spatial Arrangement in Yingtan Village

霍晓卫 何仲宇 徐碧颖 Huo Xiaowei, He Zhongyu and Xu Biying

[摘要] 空间特色是传统聚落的重要研究内容。英谈依托于山环水绕的自然地理基础，因天材，就地利。整体格局依山就势、严整有序，公共空间活泼丰富，院落错落有致，充分体现了人与自然的和谐。

[关键词] 英谈、村落空间

Abstract: Spatial feature is one of the most important parts of traditional settlement study. Surrounded by mountains and rivers, Yingtan village was built with natural materials upon the geographical conditions. The spaces in the village rise and fall along with the mountain. There're many public spaces of different kinds. All of the courtyards are strewn at random. In a word, Yingtan village shows us how harmoniously can human settlements get along with the nature.

Keywords: Yingtan, village spatial arrangement

村落空间特色是一个多维度的概念，它涉及人能感知到的全部物质空间环境。对于中国大多数村落而言，基于朴素风水理念的整体村落格局往往成为村落空间特色的第一层次；而为满足承载公共活动需求的街巷、广场、祠堂等则多构成空间特色的第二层次；此外，基于气候与地理特征，及受用地、建材等客观条件制约，各地村落的院落尺度与形态又各不相同，成为村落空间特色的第三层次。英谈作为中国传统村落的典型代表，空间层次鲜明，特色突出。

一、整体格局

英谈村整体格局完好，从聚落到街巷空间，再到建筑单体都保留了原有的尺度，整体形态随地形高低错落，空间环境变化丰富。英谈的整体格局可概括为依山就势、严整有序。无论是村落型廓、街巷格局，还是防御体系，无不渗透着英谈居民对山水环境的依附和对便利生活的追求。

1. 山水环境

中国古代人居聚落讲究"天人合一"，聚落选址要求与山水环境良好契合，同时满足景观、安全、便利等方面的要求。英谈枕山带河，山明水秀。它位于太行山东麓的山谷中，群山环抱，河川绕行，环境清幽僻静。《管子·乘马》有言："高勿近旱而水用足，下毋近水而沟防省。"英谈的选址占尽山水地利，颇富远见。发源于太行山的河流大多为季节性河道，丰枯交替，汛期河水陡涨陡落，常常引发山洪，危害极大。英谈先民深知趋利避害的重要性，妥善处理了近源与避险的关系，将村址选在距河岸一定距离的山前坡地，既临近水源，又免除了洪涝威胁。加之与山溪毗邻，形成天然防护。英谈能够世代安居，与其有利的山水环境是分不开的。

2. 村落布局

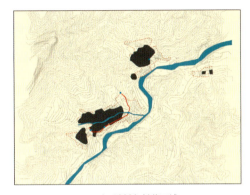

1949年以前村落区域　　　　1949年-1980年村落区域　　　　1980年以后村落区域

图例:
■ 村落区域
― 寨墙位置复原
● 寨门
― 河流

1.村落形廓历史演变示意图

古人所推崇的"因天材，就地利"的朴素营造观念，在英谈可谓发挥到了极致。英谈在建造过程中对原始地貌的破坏极少，在有限的土地上，整个村庄依山就势，与山水融为一体。在建房搭桥时就地取材，浑然天成，尽显朴素自然之美。英谈村由后英谈、前英谈和东庄三个自然村落组成，既相互依存，又彼此独立。在充分适应原有地形条件的基础上，合理分配生态资源，充分考虑安全防御因素，精心构建。总体来看，英谈村的布局具有依山就势、严整错落、主次分明的显著特征。

(1)村落形廓

组成英谈的三个聚落沿溪流自上而下、串联分布，规模由大渐小。后英谈最早建成，随着人口、经济规模的增长，又陆续在山前平缓地带开发了其他村寨，村寨建设与自然地理环境巧妙结合(图1)。以后英谈为例，它呈东西长、南北窄的狭长布局，坐落在后山南坡上，顺应山势向东偏转约40°。其北以后山为屏障，东、南、西三面则由一条人工修葺的石寨墙将小寨严密围合起来，形成良好的防御系统。寨墙上开有东、南、西、北四个寨门，用以连接内外交通。村庄沿一条主街布置，主街与河流平行展开，极富特色。后英谈村高下落差达数十米，百余栋民居分层聚集在山坡之上，错落有致，气势恢宏，具有强烈的整体感和视觉效果。

(2)街巷格局

正如古人所倡导的"城郭不必中规矩，道路不必中准绳"，英谈的街巷师法自然，同时又充满理性。其顺应地势，纵横交错，主次分明，井然有序。四个小村由一条柏油路东西串接，相邻两村之间也有道路连通，每个村寨内部又各自拥有一套完善的街巷体系。

村寨内部不同等级的街巷将整个村寨联结成为一个有机整体。以后英谈为例，其街巷系统由1条主街、1条辅街和若干条短街、支巷构成，呈梳齿状排列。主街是后英谈的交通干道，位于山溪北岸，将后英谈东西贯穿。它起于东寨门，至村中心分为两条，一条奔向西寨门方向到村西的未来桥，一条继续向西最终与山体相连接。主街随山势起伏蜿蜒，具有强烈的视觉冲击力和艺术感染力。它承上启下，站在其上俯瞰，村庄南部一览无余。由主街向外发散有8条支巷，彼此平行排列，间距合理，疏密有致，中间由东西向短街相连，保障了内部的通达性。这种梳齿型街巷格局与东西长、南北窄的狭长村庄形廓极为协调。南街是后英谈南部的主干道路，它起于东寨门，止于西寨门，走向与山溪大致平行。主街、南街和南北发散的支巷构成了后英谈街巷的基本框架。此外，相邻院落之间都有通道相连，宽窄不一，方向灵活，乍一看错综复杂，日常使用时却十分便利。

(3)防御体系

古代由于社会动荡，战乱频仍，村镇建设中的安全防卫意识普遍极强。英谈建立了一套完善的军事防御机制，以抵御外界的侵扰。几百年来，周边地区大多遭受战乱之

2. 滨水空间
3. 后英谈南街
4. 狭窄的小巷
5. 后英谈中心广场
6. 英谈院落布局

苦，独英谈得以幸免，足见其防御体系的成功。

英谈的防御体系由外而内，分为三层。第一层是天然山水屏障。英谈村被庇佑在群山掩蔽、河川阻隔的天然防护圈中，不易为外界所发现。第二层是前、后分散的村落布局所形成的协同预警机制。后英谈、前英谈和东庄三个自然村地势由上而下，彼此拉开距离，有利于互通消息、协同作战。后英谈是全村的核心，"三支四堂"集中于此，是保护防御的重点。将后英谈选在山前坡地建造，一方面是出于安全因素的考虑，背山面水，地势高仰，易守难攻，同时也免除了洪涝之虞；另一方面，便于洞察山下形势，当遭遇突发状况时能够及时获知信息，迅速做出战略部署和发布命令，协调山下的前英谈和东庄积极备战。当敌情发生时，分布在外围的东庄、前英谈首当其冲，两方相持之中为后英谈赢得宝贵时间，以及时整装支援。第三道防线是后山与寨墙围合而成的坚实防线。突兀跌宕的后山阻挡了来自西、北两方的敌患。仅开有四个寨门的寨墙起始于后英谈东北角，折向东南再向西南，将小寨两面围合，与后山形成严密的防御工事。

二、公共空间

英谈村的公共空间小而丰富，点状、线状空间元素交互点缀，不同开放级别的空间满足不同类型的村落生活和不同群体的交流需要。其主要有滨水空间、街巷空间和广场空间三种类型。

1. 滨水空间

座后沟贯穿于英谈村内，形成东西延伸的滨水空间（图2）。近年来其溪水干涸，深达1~2m的沟槽完全裸露，河床上蔓延了大量速生植物。沟槽两岸的景观截然不同，北侧是红、青石板铺装的主街，立面平滑，南侧地势骤降，沿沟分布着密密匝匝的民居。有的在院墙外围加筑一截低矮的圩堤，有的则直接以院墙相护，还有的在院墙与沟底之间的高地上用栅栏围起了小菜畦。岸边植有灌木丛，溪上共架设十余座石拱桥，两桥间距10~100m不等，有效连接溪沟两侧交通。遥想在那雨水丰盈的年份，青红斑斓的桥拱下溪水潺潺，石墙石瓦的小院上空升腾起袅袅炊烟，远处青山如黛，碧空如洗，俨然一幅太行山下的"小桥流水人家"，充满诗情画意。

2. 街巷空间

英谈的主要街巷有四条：后英谈主街、南街、石板巷和前英谈石板巷。后英谈主街全部采用红色砂岩石板铺装，街道宽窄不一，基本在2~3m范围内。蜿蜒曲折，纵横交错，与两侧直立高耸的院墙形成强烈的视觉效应。主街分为东西两段：东段一侧紧临山溪，另一侧为2~3层高的院落外墙，反差强烈。沿街的民居建筑分布连续且大致守齐，一层原多用于储藏杂物，现已基本闲置，因此沿街大多呈现开敞的拱形门洞或窗洞，具有较强的节奏感。西段与山溪稍有分离，主街两侧为民居院落，均朝主街开门，突出于连续界面之外的各家门头样式多变，形成丰富的街道景观。后英谈南街位于南寨墙脚下，宽1~2m，由红色砂岩石板铺就，东西向延伸，街南为深谷，街北为高墙，是南部居民出行的主要通道（图3）。

此外，相邻院落间的小巷也形成了丰富的街巷空间（图4）。其最宽处不足2m，最窄处只有0.8m，仅容一人通行，且多处设有石质台阶，前后高差较大，步步升高。小巷两侧为2~3层高的院落外墙，红、青两色石壁垂直削立，拾级而上，形成一种极为狭窄、深邃的空间效果，可谓"抬头一线天"。由于山势较高，巷道往往呈"之"字形曲折相接，相邻两段巷道间由一块平缓空地相连。这种平缓空地大多被充分利用，有的放置了大型石磨，有的建设了私家门楼，成为村中重要的休息节点，生动有趣。

3.广场空间

广场是村落内部重要的公共空间。英谈村有四处小型广场，分散于前、后英谈内。一处位于后英谈贵和堂前，在主街的中段位置。广场面积约为80m²，呈矩形，南北略长，地面由石板铺就，上覆水泥，旁边设有公告牌。这是英谈村内极其难得的一块平坦空地，既是村委会公示村务信息、组织集体活动的重要场所，也是村民集会、交流、休闲漫步的优良去处(图5)。第二处广场位于前英谈中心处，由上下两级平台构成，两级之间相对高差约为1.5m，均为水泥地面。上级平台长约7m，宽约5m，下级平台长、宽各约10m，通过一条石板台阶相通。角落植有一株大树，枝叶繁茂。第三处是位于后英谈东门外的开阔平地，由红色石板铺就，平整空旷，可以容纳多人。第四处是位于前英谈东寨门外的一块狭长的空地，比城门略宽，两侧植有翠柏，还有由碎石垒筑的矮墙，高低不一，有的向外围拢以作仓储。

此外，架设于河溪之上的众多桥头也是英谈公共空间的重要组成部分。英谈村的桥多达18座，宽窄、高低不一。最宽的一座是位于贵和堂前东侧的双桥，宽约23m，可供数辆机动车并行通过，桥下栽种绿色灌木，景色优美。

三、院落布局

英谈有大小院落百余座，建筑近500栋，建筑面积约2.7万m²。院落均根据自然地形而建，朝向各异，大小不一，形式自由，集中分布在山前坡地上，层层叠叠，气势恢宏，具有典型的古太行建筑风格，是河北省目前发现的保存最为完整的石头建筑群(图6)。

1.总体特征

英谈民居空间格局灵活多变，极富山区特色。其院落形式以三合院和四合院为主，四合院形式居多。主要分布在后英谈主街两侧，建筑年代较早，均建于1949年以前。而三合院则多分布在山势较高地区，多建于1949年后。院落均顺应自然地形起伏而建，大小不一，朝向各异，形式灵活。以单进式院落为主，占地面积最大的达376m²，最小的仅为97m²。平均来看，平面尺寸大致为15m×15m，中间有一个狭小的天井，面积约为20～30m²。其典型院落的平面、剖面示意图如表1所示。

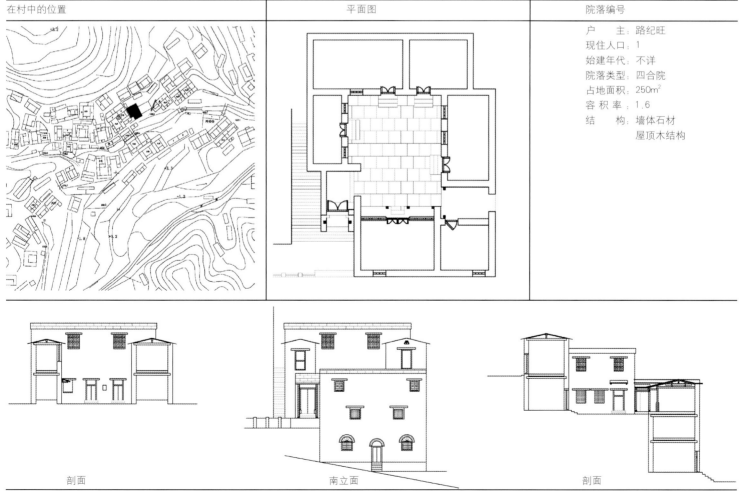

典型民居平面、剖面图		表1
在村中的位置	平面图	院落编号
		户　　主：路纪旺 现住人口：1 始建年代：不详 院落类型：四合院 占地面积：250m² 容 积 率：1.6 结　　构：墙体石材 　　　　　屋顶木结构
剖面	南立面	剖面

院落位置

院落平面

院落基本信息

院落编号	后英谈9号
院落产权	私有
院落面积	254m²
现住人口	5人
现住户数	2户

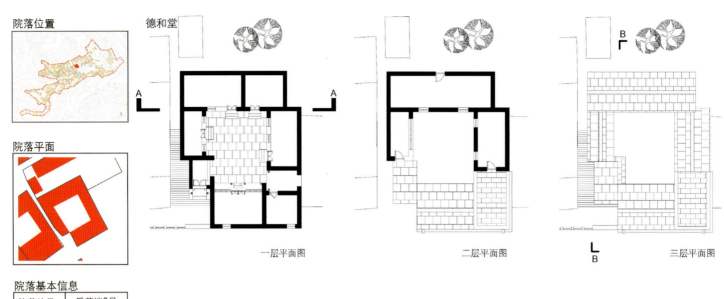

德和堂

一层平面图　　二层平面图　　三层平面图

A-A剖面图　　南立面图　　B-B剖面图

9. 德和堂测绘分析图

院落位置

院落平面

院落基本信息

院落编号	后英谈49号
院落产权	私有
院落面积	376m²
现住人口	5人
现住户数	2户

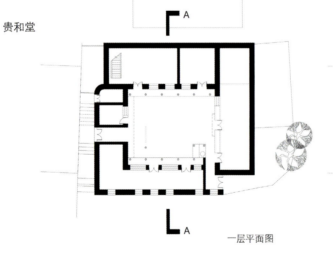

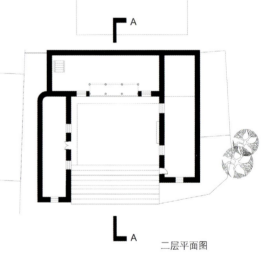

贵和堂

一层平面图　　二层平面图

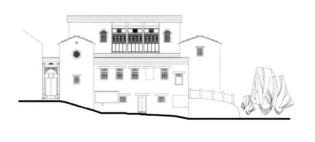

南立面图　　A-A剖面图

10. 贵和堂测绘分析图

7. 狭小的天井
8. 高低错落的民居群

院落入口位置自由，既有随墙式的独立院门，又可能属于建筑的一间。许多院落都有两个对外出入口，院院相通，易进易退。与一般的北方民居相比，英谈院落的室外空间尺度明显偏小，与周围建筑的高、宽比可达1:2（图7）。院落正房一般为5~7间，进深4~6m，建筑高度多为1~2层，少数3层。在山势较为陡峭的地带，相邻两幢建筑的高差可达1层高。英谈传统民居巧妙地利用地形特点，产生了层次丰富的建筑格局和村落景观（图8）。值得一提的是，大多数建筑在一、二层之间并无室内的垂直交通连接，而是在上层设门，攀爬至低层屋顶后由门进入二层房间。因此各个院落之间可以通过屋顶互相通达。由于依山而建，村内各片区院落的标高不同，被天然地分成几层，每一层都由不同的标高处进入。同一栋建筑，从院落内部望去或许是一、二层，而从街道望去则可能是二、三层。建筑与地形充分结合所形成的立体景观是当地建筑的一大特色。

英谈民居的整体建筑风格朴实厚重，富有极强的山区原生态特色。房屋均为坡度为10°~15°的双坡屋面，由浅色石板瓦铺就。建筑色彩淡雅，以青灰色和红褐色为主，与周围环境相得益彰。民居建筑内部普遍采用木结构，墙身和屋顶则统一采用当地石材垒砌。由于石材大小不一、深浅各异，建筑外观自然、纯粹而具有美感。院落讲究方正、卫生，各家门口均设有污水口。

2. 典型院落

英谈最具代表性的传统院落是"四堂"——贵和堂、中和堂、德和堂和汝霖堂，共计24处院落，509间房屋。"三支四堂"始建于明末清初，是路氏家族鼎盛时期为三兄弟建造的宅院。其位于后英谈寨墙内，分列于主街南北两侧。各堂由数座四合院、三合院聚集而成，规模宏大，建造精美，细部丰富，保存完整，是传统太行山建筑风格的典型代表。

汝霖堂位于后英谈主街以北及寨墙西南角，共有7处院落、138间房屋，建筑面积约为1375m^2，一般高2层。院落形式为单进四合院或三合院，空间利用率高。院落整齐，围合度好，入口为多级石阶小巷，狭窄曲折。房屋全部由红石砌筑，屋顶多为双坡硬山式，由大片浅色石板覆盖，坡度较缓。屋檐极短，檐口无任何装饰。大门为实木板门，上有木搭短檐，上面覆盖石板，用以遮阳挡雨。门上镶有雕花木窗，一、二两层均设有木格窗，图案形式多样，简洁美观。院落角落安放有石舂、石碾等传统工具，生活气息浓厚。汝霖堂见证了中国现代史的重要时刻，抗日战争时期的1942~1943年间，刘伯承元帅曾在汝霖堂居住，其间与国民党河北省政府主席鹿钟麟就国共合作事宜进行谈判。

贵和堂是"四堂"中最庞大的一支，平面呈"回"字形。共有10处院落、215间房屋，总建筑面积约为740m^2，分别位于后英谈村的东、西两侧。居于堂中央的"财主院"是英谈最为讲究的两层单进四合院落，由正房、东厢房、西厢房和倒座组成。四栋房屋顺应地势分别坐落在三层台地之上，高低错落，院落有两个入口，西侧立有门楼，精雕细琢，十分讲究。东侧入院小巷立有石板栅栏。堂内有一眼滴水山泉，涝时无增，旱亦无减，被村民誉为"滴水神泉"（图10）。

德和堂建于后英谈北部，由2处院落组成，共计59间屋子，建筑面积约为410m^2。房屋一般为2~3层高，主体结构由红色砂岩块砌成，镶有木质门框、窗棂，装饰有精美的镂空雕花，变化多端，华美端庄。部分门窗上沿为圆拱形，由形状规则的石块拼成圆弧状花边修饰，朴实无华，美观精致，尽显自然美感。堂外入口处有一条石板铺筑的小径，外侧围有红石板栅栏。7根高约1m、彼此相距约1.5m的方棱红石柱嵌在石径中，以固定石柱间的石板。每块石板厚度约为2cm，表面平滑，大小规整，颇具地方特色（图9）。德和堂与汝霖堂紧邻，两家渊源颇深。相传德和堂传至第三代时，主人育有三个女儿，没有儿子，由于当时繁衍子嗣"传宗接代"的思想根深蒂固，便向隔壁的汝霖堂讨要"半个儿"。于是两家共同抚育一子，以七天为周期进行轮换，繁衍至今。

中和堂位于后英谈南部，由5处彼此相连的院落组成，有大小房屋共计97间，总建筑面积约为1050m^2。堂中有一处横跨座后沟的院落，院、桥一体，桥下流水，桥上建屋，被形象地称为"桥院"。院内有一株果梨树，树干上粗下细，充满奇趣。"七·七"事变后，时任国民党河北省政府主席的鹿钟麟曾在此地临时主持政务。

结语

作为目前河北省在太行山区仅有的两个国家历史文化名村之一，英谈村从整体格局、公共空间到院落布局三个层次均具有显著的特色，地域性与艺术价值都十分突出。应该指出的是，这三个层次的特征彼此之间是紧密依存、不可孤立的，它们所形成的逻辑基础是"顺应自然条件"与"满足生活要求"。其用地集约但毫不局促，就地取材但毫不简陋，其本土化、一体化的空间塑造思想，对于今天传统聚落规划仍然具有突出的借鉴意义。

本研究课题为国家自然科学基金资助项目（项目批准号：50708048）

* 本研究课题得到以下单位相关课题组的大力支持：
住房与城乡建设部：历史文化村镇保护规划编制办法
河北省建设厅：河北省历史文化村镇保护发展研究

作者单位：霍晓卫，北京清华城市规划设计研究院
何仲宇 徐碧颖，清华大学建筑学院

古村英谈的村落布局艺术探析
An Analysis of the Art of Historic Village Yingtan's Qverall Layout

吴淞楠 *Wu Songnan*

[摘要]本文从自然因素和人文因素两个方面深入研究了河北古村英谈的村落布局艺术，并且认为英谈村作为我国山区传统乡村村落布局艺术的典型代表，突出体现了我国传统文化中"天人合一"的理念和朴素的生态思想。

[关键词]古村英谈、村落布局

Abstract: *From natural and human aspects, this thesis makes indepth research on the overall layout art of historic village Yingtan in Hebei Province. It shows that as a typical example of China's traditional villages, Yingtan is the outstanding embodiment of the ideology "correspondence between human and nature" in ancient China.*

Keywords: *historic village Yingtan, overall layout*

一、英谈村的村落布局概述

英谈村由三个村落组团构成，按进村方向依次是东村、前英谈和后英谈。三个村落均隐匿于山坳中，其中以后英谈隐匿最深、规模最大、建制等级最高。其坐西北向东南，村后是西岩和北岩两座山峰，村前有河流蜿蜒而过。村东和村南修筑有城墙，四个方向都有城门，其中东门为后英谈的主入口。整个村落布局沿一条主街拾级而上，平行于主街有山溪，村内民居沿主街布置，依山借势，高低错落。院落之间的巷道也是曲径通幽，别有一番韵味。

最初来到英谈定居的人们，聚居于整体环境较好的后

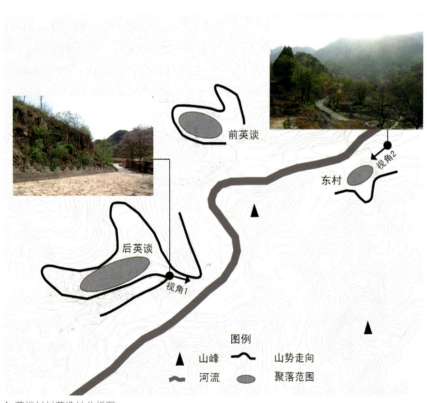

1. 英谈村村落选址分析图

2. 英谈南门对景示意图
3. 英谈东门对景示意图

英谈，随着人口的增加，村民迁到离后英谈200～500m的地方居住，慢慢形成了前英谈和东村。这两个村落的布局与后英谈颇为相似，均依地势而建，与周围环境融为一体。

笔者曾三次前往英谈村进行调研，在对其村落布局与聚落形态的研究中，被这个小村庄的神秘与独特韵味深深吸引。她不仅是大自然鬼斧神工之作，也是人工环境与自然环境和谐共生的典范。下面将从自然因素与人文因素两个方面来分析英谈的村落布局艺术。

二、自然因素对于村落布局的影响

村落的选址与民居的建造，首先要考虑的就是自然环境，即如何选择最佳的居住环境，避开或尽量克服不利的自然因素。英谈村的村落布局就非常重视自然环境，特别是对于自然山水的利用和对地形的处理具有独到之处。

古人重视山水，最重要的是因为山水的自然属性与人类的生存与发展息息相关。"背山面水、负阴抱阳"的山水格局是理想的选址，这样的一个相对封闭的格局在北边挡住了冬日北来的寒流，南向能争取良好的日照，面水而距水一定距离，既有取水和航运之便，居于台地又免受洪涝之灾。在漫长的历史发展中，人们早期对山川的崇拜逐渐发展成为"天人合一"的文化追求。从今天的观点来看，其思想就是古人对人与环境和谐共生的向往。英谈村受地形限制，形成了较为自由与灵活的村落形态，但在其背后蕴含着我国传统的山水文化思想。

1. 选址艺术

首先，从大环境上来看，英谈村被雾子垴、和尚垴等山峰围绕，形成相对封闭的格局，又因有丰沛的地下水，农耕条件较好，在太行山深山区形成了一隅得天独厚的聚居环境。具体到英谈村，北部高耸的西岩和北岩两座山峰成为村落的自然屏障，左右丘陵起伏，泉水潺潺。三个自然村落后英谈、前英谈和东村均位于山坳中，周围山体形成"个"字形，呈环抱之势。聚落形态随山势起伏，隐匿其中，前有案山相对，河流在其间蜿蜒而过（图1）。聚落选址充分利用山势的走向，使三个自然村落既相对独立，又俨然一体，其中尤以后英谈的选址最为讲究。西岩和北岩两座山脉延伸至河边，在村口有土台并立左右，形成锁兰出口，后英谈即位于两山环抱的椭圆形盆地内。村口只见绿树映衬下的古朴寨门，进得寨门，后英谈随地形而建的精致石楼建筑群才如同水墨画一般赫然出现在眼前，让人叹为观止。而且，后英谈位于河流弯曲的内侧，河流对聚落呈环抱之势，中国古代称之为"澳"位，也可见其在选址与建设时是遵照一定准则精心设计的。

2. 景观布局艺术

从村落景观的设计角度来看，英谈村还充分利用山体组织近景、中景与背景，形成了层次丰富、充满变幻的景观效果。沿道路行进，山路蜿蜒，完全不见村落的所在，隐约见一山峰在前（墩菜垴），绕过山峰，突然豁然开朗、流水潺潺，真是"柳暗花明又一村"，体现了我国传统聚落设计手法"挡"的运用。而且，笔者还发现在后英谈每个城门均与其后的山体形成对景，颇为壮观（图2～3）。

后英谈村内的民居建筑与地形有机结合，充分利用地形形成高低错落的布局与丰富的景深效果。初到英谈,觉得绿色掩映下的红石石楼,散落布局,貌似没有章法,但仔细探究才发现,村落的主要民居均是沿主街修筑,以合院型住宅为主,有的院落甚至有三进、四进。在用地局促、地势变幻复杂的后英谈,能够修建这样大的院落,不由地让人折服。因此,也形成了英谈独特的景观,即同一座宅院,后一进院落与前一进院落标高不同,有的相差1层,使得院落与屋顶连通。这样,后面的石楼便成为前景石楼的背景,而石楼后面还有石楼,层层叠叠的石楼景观后面则是巍峨的山峰,人工环境与自然环境在此相得益彰。

3.水体组织艺术

英谈村的村落布局中对"水"的利用与组织也是匠心独具。村前的河流当地人称"血流浴",由村落西北,绕过墩菜埫向东南流。三个自然村落沿河流两侧布置,隔河相望。每年的5~8月是丰水期,当地人在河流两岸用红石修筑了层层的堤岸,既方便种植作物,又可作为在河边漫步的小径。河边泡桐花开,粉红一片,核桃树枝叶丰茂,绿树映红花,流水潺潺,使你仿佛置身江南。

在后英谈,有条从北向南贯穿整个村落的山溪,据说十年前溪中尚有水,近年来干涸后,只剩河沟中生长茂盛的植物。遥想当年,溪水从高处流下,会不会令人有一种"黄河之水天上来"的感慨呢?此山溪与主街大致平行,溪上共有18座桥,桥身多为红石砌筑,连接着山溪两边的院落。更奇妙的是,有的院落就建在山溪上,院落本身承担了桥的功能,当地人称这种建筑模式为"桥院"。这种围绕山溪组织院落布局、呈现小桥人家景象的村庄在我国北方山区甚为罕见。综上所述,聚落形态与自然山水及园林艺术在英谈村得到了有机的结合,也是英谈村的独特魅力所在。

三、人文因素对于村落布局的影响

在对英谈村的深入调查与研究中,笔者发现,除了自然因素对村落布局的作用之外,人文因素对英谈的村落布局也有着重要的影响。

1."聚族而居"的宗族观念

我国传统农村社会很重要的一个观念,就是宗族观念,比如说南方的"宗祠"和英谈的"堂"。英谈村是典型的"聚族而居"的村落,这里的村民以"堂"为家族组

4.四大"堂"分布示意图

织单元聚居,构成"贵和堂"、"中和堂"、"德和堂"和"汝霖堂"四大"堂",每一"堂"均由若干院落组成。属于同一"堂"的院落一座紧邻一座,一方面反映了"聚族而居"的团结观念,另一方面也大大节约了用地,这在英谈这个山区村落是极为重要的。

利用后英谈的地形图,我们可以看出村内民居基本朝向东南和正南两个方向分布,并且大约成30°角。笔者发现,"中和堂"、"德和堂"、"汝霖堂"和"贵和堂"的一部分大致分布在100清步(约160m)×100清步的正方形网格中,并且分别占据其中四分之一;"贵和堂"的另一部分位于正南朝向的另外一个大约60清步(约96m)的网格中,且距西部山体边缘的距离为100清步(图4)。由此可以看出,四大"堂"作为村中的望族,首先选择了聚落条件较好的地段建造院落,位于村落的正中央及临近村口的位置,交通较为便利,地势也较为平坦。四大"堂"属于同一宗族的不同分支,体现在平面布局上,彼此既保持着一定距离,又紧密依存在一起,聚落形态组织有序,体现了宗族的秩序性与团结性。

2.防御功能

我国古代的聚落,不论是城市还是乡村,都有一个共同特点即非常重视防御。这主要是为了抵御外来的冲击并在战争中占据优势,体现在聚落形态上就是往往选址在地形复杂的区域,易守难攻,再修筑城墙、加强戒备,从而形成了极具特色的防御体系。比如,位于冀西北的蔚县,因为其地处中原文化与北方游牧民族文化交汇的地区,自

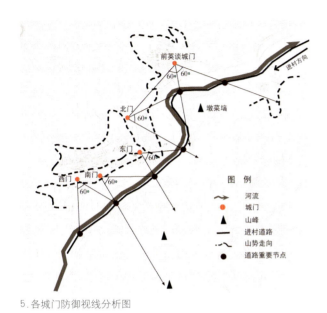

5.各城门防御视线分析图

古就是兵家必争之地，战争不断，再加上流寇的侵扰，使得这里的村落非常重视防御，也因而形成了有名的"八百堡"。村落形态多为高耸的堡墙围合的较为方正的格局，随着时间的推移，这种有利于防御的村落形态与村民的生活紧密结合在一起，形成了"堡文化"。

而位于太行深山区的英谈，其封闭的格局、复杂的地形，形成了自然的防御优势。但人们在此居住，仍然不忘修筑城墙和城门，以巩固防御体系。英谈共有五个城门，分别是后英谈的东门、北门、南门和西门以及位于前英谈的城门。后英谈的城墙从西、南、东三个方向砌筑，与北部的山体一起将村落严密地包围在其中。现在城墙仅剩村南门到东门与东门到北门的一段，虽经历了几百年的风吹雨打，仍可见昔日的风采。

根据人眼的生理规律，在正常情况下，水平视野内，人双眼同时能见景物的视野范围为120°，60°内可以看得比较清楚，而更清楚的范围则为30°。在对英谈村的城门进行分析时，笔者发现，从进村方向开始，前英谈城门120°范围内控制着东村的山体边缘与北门之间的区域，60°角的范围内控制着进村道路上的一段；北门60°角的范围内也控制着进村道路的一段，并与前一段相接；同理，东门、南门和西门60°角的视线控制范围内均对应进村道路的一段，并与前一段相接。这样，五个城门在其最佳的视域范围内把进村道路严密地监视起来，没有留下任何一个死角，又因进村道路仅此一条，故进入村落的每一个人都可以看得清清楚楚。如此设计可谓用心良苦，我们也不得不佩服古人的构思巧妙(图5)。

结语

从自然因素与人文因素两个方面来分析古村英谈的村落布局艺术，便会发现其在聚落选址、景观组织、防御体系、民居建筑等诸多方面均是经过精心设计与统一规划的。英谈村是体现我国山区传统乡村村落布局艺术的典型代表，她将建筑文化的丰富性、艺术性与聚落环境的复杂性、生态性结合起来，突出体现了我国传统文化"天人合一"的理念和古代朴素的生态思想。

本研究课题为国家自然科学基金资助项目（项目批准号：50708048）

* 本研究课题得到以下单位相关课题组的大力支持：
住房与城乡建设部：历史文化村镇保护规划编制办法
河北省建设厅：河北省历史文化村镇保护发展研究

作者单位：清华大学建筑学院

"堂"文化与"堡"文化：
——历史文化村落的地域性传统社会组织与空间形态

Clan and Castle: Traditional Local Social Organizations and Their Spatial Patterns in Rural Hebei

王韬 刘斌 赵勇 Wang Tao, Liu Bin and Zhao Yong

[摘要]在河北省的历史文化村镇保护研究中，我们在太行山脉北端的冀西北和太行山东麓的冀中南地区，分别观察到了以"堡"和"堂"为特征的村庄聚落形态。以此现象出发，本文借鉴了相关历史地理研究和人类学的传统社会组织理论，探讨了这两个地区的村庄历史形成机制与组织形态的根源与差异，提出了以其作为村庄建筑传统的地域性辨识性特征，来区分两个地区历史文化村镇的建筑传统。并以此为依据，通过非物质遗产与物质遗产相结合的保护方法，在保护物质空间遗存的同时，保护"堡"与"堂"所蕴含的丰富历史文化与社会信息。

[关键词]堡、堂、历史文化村镇保护、乡村社会组织、空间形态

Abstract: In our work on the preservation of historical villages and towns in Hebei Province, we observed two different community organization patterns in the northwest and east side of Taihang Mountain. By referring to historical, geographical and anthropological studies, we investigate in this article the local variations of village formation and organization mechanisms, which is the deeper structure determining the spatial arrangement of villages. We propose that these two patterns be used as bases to distinguish local village traditions, and suggest the social organization and its spatial projection of a village be protected as a combination of intangible and physical cultural heritage.

Keywords: village castle, clan system, historical village preservation, traditional social organization mechanism, spatial pattern

在一个较大范围的地域内开展历史文化村镇保护工作时，我们常常会面临如何辨识村镇传统的地区性特征，从而对不同的地区制定针对性的保护策略的问题。需要注意的是，这些辨识性特征不仅仅来自于物质空间形态本身，村庄特定历史地理条件下相应的社会文化传统也以其微妙而深刻的方式影响着村庄的物质空间环境。在河北省历史文化村镇保护研究中，我们试图从这个角度出发，寻找村庄生成机制和社会组织方式与其物质空间环境之间的内在联系，以及这种联系的地域性特征。

一、上苏庄的堡与英谈的堂

上苏庄村位于河北省西北部的蔚县。太行山余脉西北侧的山脚下。蔚县一带号称有"八百古堡"，基本上是每村一堡。所谓堡，就是有围墙环绕的村庄，堡外是田地，堡内是村民的住宅。堡有堡门，关闭时，村庄就成为了一个防御性的堡垒。上苏庄村古堡内的空间布局有强烈的轴线秩序，在轴线的关键位置上是一些重要的礼仪建筑(图1)。例如，在南北轴线的北端起点，地势最高、统领全堡的重要位置上是强调忠义的三义庙，祭拜的是桃园三结义的刘关张(图2)；在南北轴线与东西轴线的交叉点西北侧是关帝庙——中国传统文化中一个忠义的象征。堡内没有看到家族宗祠类建筑。

而在河北省邢台县英谈村进行的历史文化遗产调研中，我们遇到了另一个特殊的现象——"堂"。英谈有四大堂，每堂都包括同姓同宗的数个院落。其在英谈村的分

1. 上苏庄村古堡平面。来源：河北省历史文化村镇保护课题组绘制
2. 上苏庄村古堡主轴线北端的三义庙。来源：作者

布如图所示，表现出一种从村落中央向不同方向蔓延的形态（图3、表1）。

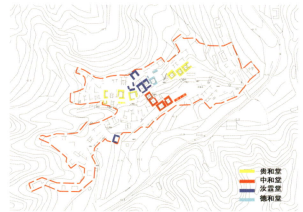

3. 英谈村四堂院落分布。来源：河北省历史文化村镇保护课题组绘制

那么，"堡"和"堂"到底是什么概念呢？它们究竟是一种建筑现象还是一种文化现象呢？属于物质文化遗产还是非物质文化遗产？本文将从这些问题出发，探讨在历史文化村镇保护研究工作中，从传统乡村社会组织机制及其空间特征的角度，对于地域建筑文化辨识性特征的把握问题。

二、什么是堂？

英谈村的四大堂都姓路。从我们的访谈中了解到，路氏祖先在明末清初的时候移居英谈，这也是英谈村的开始，四大堂的开端都可以追溯到那个时期。虽然没有找到可供参考的族谱，通过进一步参考对于中国乡村社会的人类学研究，我们了解到英谈的"堂"应该是一种传统中国农村社会宗族组织的单位。

英谈村四堂院落情况表　　　　　　　　　　　　表1

堂	院落编号	院落名称与数量	总间数
贵和堂	W1	财主院（路世济）	35
	W7	路兵书	28
	W21	路来臣	16
	W35	郑小双	11
	W3	路书勤	5
	W5		4
	W4	路贵小	3
	F11	路建平	32
	F3L	路丰丽	36
	F3	张书名、张金名、张瑞名	45
	合计（院落数）	10	215
中和堂	F33、F34	路松林	19
	F36		15
	F39	刘德增	17
	F10东	路林书	14
	F10(桥院)	路海林	21
		路燕林	11
	合计（院落数）	5	97
德和堂	F9	路满堂	37
	F7	刘小三	22
	合计（院落数）	2	59
汝霖堂	F16	路纪旺	16
	W2	路纪民	18
	F12	冯三祥	32
	F13	路军书	16
		路召库	11
		路军平	21
		路继月	26
	合计（院落数）	7	138
总　计		24	509

来源：河北省历史文化村镇保护课题组

按照杜赞奇的定义，宗族是由同一祖先繁衍下来的人群，通常由共同财产和婚丧庆吊联系在一起，并且居住在同一村庄（杜赞奇，2004，62）。宗族和家庭的区别在于："宗"强调共同的祖先、男系血缘的嫡传、按辈份排列长幼次序；"家"则是政治经济学中的一个基本单位，结构单一并包括女性成员，偏重于共同生产消费和传宗接代的功能（杜赞奇，2004，63~64）。在一个大宗族中，有时同宗的数家会组成"堂"或者"门"，这种同宗组织往往是由已分家立业的胞兄弟或堂兄弟组成（杜赞奇，2004，65）。这个"堂"就是我们在英谈所观察到的"堂"。也就是说，"堂"是一个宗族裂变的单位，是一个同宗的大家族的分支。

宗族的繁衍是持续性的，因此其裂变从理论上讲可以是不断发生的，但是为什么在英谈村只有四个堂呢？其原因是家族裂变不是一个无穷的过程，它总是根据经济、资源等条件发生在某个特殊时期，从此被继承下来。按照弗里德曼的理论，中国宗族的内部裂变可以分为A式和Z式两种极端状态。前者属于较小的宗族社区，它们只包括一个级次的裂变；后者包括两级以上的裂变，也就是说宗族以下的房又被分为次级的房（Freedman,1958,121~141）。根据弗里德曼的解释，这两种裂变的内在原因是中国社会的财产不平均发展，较穷的家族难以支付裂变成堂所需要的新的祠堂和祖田。

参考以上研究，我们可以看出，英谈村的"堂"是明末清初移居英谈的路氏宗族在此不久之后一次裂变的结果。其显然属于弗里德曼所说的A式裂变，即只有一个级次。除了经济原因之外，在英谈我们还可以看到另外一个非常明显的制约因素，那就是山地村庄土地和其他资源有限的承载力。

三、堡文化与堂文化

在此，我们可以对在河北省进行的调研中已观察到的不同地区的村庄组织形态作一个简单的归纳：在以河北省蔚县上苏庄村为代表的冀西北地区，村落往往表现为一个整体的、防御性的堡垒；而在以英谈村为代表的冀中南部太行山区，村落宗族社会组织是更为突出的传统社群单位。我们可以暂且在这里把他们称为"堡文化"和"堂文化"，其特点如下：

"堡文化"——冀西北地区，以村落为单位，跨越宗族，强调村落整体的合作防御功能。

"堂文化"——冀中南地区，以村落内的宗族或其分支为单位。

那么冀西北和冀中南的村落为什么会表现出这两种不同的族群文化特点呢？

Pasternak(1972)在中国东南部沿海地区开展的研究认为，在这些"边陲地区"，乡村宗族社区在不同时期、不同的外界条件下，表现出不同的特点：

"为了抵御外来的冲击和外在的危险，早期移民往往会以同乡而不同宗的关系为族群认同纽带，建构跨宗族的地域性联庄防卫系统。在'边陲地区'得以稳定之后，对这种大的地域性联庄防卫体系的需要逐渐减少，区域内部不断出现利益冲突，此时宗族才作为族群认同纽带被发展成为社区组织的架构。"

以上结论是针对边陲地区，同一农村社区在不同历史发展阶段，地域组织和宗族组织在社区结构中的作用。我们可以将其引申到同一时期、不同地理区位的农村社区组织差别。我们的假设是：靠近边疆地区的村庄更加强调整体的防御功能；而在相对安全稳定的内部腹地，村庄则更加强调同族同宗的血缘关系。这一假设可以被用来解释我们在河北省西北部蔚县上苏庄村观察到的表现为"堡"的地域乡村组织形式，和在西南部太行山脚下的英谈村观察到的以"堂"为特点的乡村宗族组织，并且将其作为区分河北省两个不同地区的历史文化村镇地域性辨识特征的切入点。

两个村落的历史地理条件也支持了我们以上的假设。蔚县所在地区自古是中原汉文化与北方游牧民族文化交汇的地区。在不同时期，由两者轮流统治。因此，在如此不稳定的地区，脆弱的农耕社区必须加强自我防御能力，以在战乱中保护生命和财产安全，繁衍生息，这是"堡"文化形成的历史原因。而蔚县以南300多公里、太行山脉东南侧的英谈，受到太行山脉天然屏障的保护，已经属于中原农耕文化的腹地。在这个地区村庄的防御功能已经弱化，而以"堂文化"为代表的宗族因素成为了建构族群社区的重要基础。从建村年代上看，我们也可以得出相似的结论。上苏庄村和英谈村都始建于明朝，其历史文化突出反映在这两个村庄的命运上有两个特点：一是，蔚县所在地区成为了明朝和蒙古瓦剌之间的边疆地区；二是，宗族文化开始从贵族阶层向民间延伸。前者解释了上苏庄村的"堡"，后者则解释了存在于英谈的"堂"。

蔚县位于北京与大同之间的偏北方向（图4）。在明朝后期，该地区正好位于明朝与瓦剌势力范围之间，其南侧的太行山是阻挡瓦剌人侵入华北平原的最后一道天然屏障。在明代，这个地方不断发生着明朝帝国与瓦剌人之间的战争。公元1439年，明英宗被瓦剌人俘虏的土木堡之变就发生在蔚县西边约100km处（现河北省怀来县东）。由于战乱，边疆地区人口急剧减少，使得这里的土地较容易获得，为寻找土地的无产者提供了新的家园。虽然新定居下来的移民农耕社区本身就有着各种宗族背景，但是在外力的压迫下，防御外敌成为这些社区的首要任务，祖先祭祀则退而居其次，从而形成了一个跨宗族的共同体，采取了以堡为村的聚居形式来抵御侵袭和掠夺（图5）。据我们考察，上苏庄村有四大姓，还同时存在许多其他的小姓氏，是一个典型的移民型村庄。但是在村庄里，我们没有观察到任何共同的祖先拜祭活动的痕迹。现在，堡墙依然矗立，各种各样的民俗和宗教传统建筑仍然有迹可循，但唯独没有找到用于宗族祭祀的历史建筑或场所。

在其起源时期的明代，英谈村位于远离边疆的河北省南部、太行

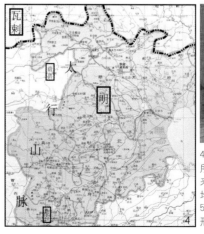
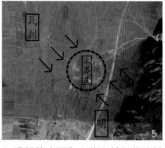

4.明朝的边疆和上苏庄村与英谈村所在蔚县和邢台地区的地理位置。来源：根据《中国历史地图集》明地图绘制

5.边疆地区战乱威胁下上苏庄村的形成机制。来源：作者

山脉的东麓山地之中,是一个自然山水怀抱中的山村。在没有外在威胁的条件下,英谈村的社会组织是以家族为单位的,而不是像上苏庄村那样形成跨宗族的乡村社区组织。路氏宗族的家族裂变就发生在这个相对安定、封闭的自然环境之中(图6)。在中国历史上,这种以宗族或者宗族分支为单位的乡村社区组织也正是在英谈村诞生的这个时期在农村社会得到迅速的发展。据历史研究,在宋以前,只有贵族被朝廷允许举行四代以上祖先信仰仪式,按照父系继嗣观念和制度规范行为,并拥有大量家族公产。祖先崇拜、家族继嗣、家族公田是在明代以后才逐渐由贵族官僚阶层向民间传播,最终成为了民间社会的一种重要组织模式(王铭铭,2004,74)。而英谈村路氏家族的裂变正好可以上溯到明末清初时期。

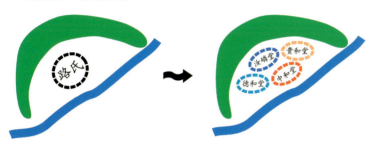

6.远离边疆相对封闭的自然环境下英谈村内部的家族裂变过程。来源:作者

四、"堂"和"堡"如何作为历史文化遗产保护的对象

"堂"和"堡"作为历史文化遗产,其价值表现在物质空间和非物质的社会文化传统两个方面。

从物质空间上的表现形式来看,"堂"是一组同宗家庭所居住的院落。但是其本身只是"堂"的外在表现,"堂"的形成机理是乡村宗族社会的组织和裂变。它由一个宗族分支所有的家庭组成,是传统中国农村社会的一个族群社区单位。"堡"则是一种跨宗族的乡村社会组织形式,虽然有其明显的空间特征和历史遗存,但是"堡"这个概念本身有着超出建筑形式之外的传统社会文化内容。

"堂"和"堡"的物质空间遗存可以根据其具体的保存现状和价值来决定是否成为物质遗产的保护对象,而其蕴含的非物质的、传统乡村社会组织信息是否可以作为非物质文化遗产的保护对象呢?根据定义,非物质遗产主要包括社区生活、传统工艺、宗教礼法、民俗风情、名人轶事、语言文字、地方文学艺术、历史地名等方面。"堂"和"堡"作为传统的乡村社会组织形式,包含了传统中国乡村社会的生产组织、社区生活、宗教礼法、公共服务、安全防卫等方面内容与功能,传递了村庄繁衍和建成环境之间的历史关系,因此是适合作为非物质文化遗产保护对象的。

将族群社会与其物质载体作为一个整体保护也是有客观根据的。研究表明,宗族的裂变、组合与聚落形态的发展有密切的联系。比如:福建溪村属陈氏家族的自然村有五六个,各自拥有相对独立的地域,他们实际上是宗族裂变在物质空间中的投射(王铭铭,2004,82)。而英谈村的"堂"是一个家族在一个特定村落内的分支,是自然村下一级的社区单位。根据一个"堂"所属院落不同的建造年代,可以得到一个家族分支在村落内发展繁衍的历史年轮。"堡"则是跨宗族的乡村社会组织在空间上的透射,表现出非常独特的建筑形式和文化传统。因此,我们建议在村镇历史文化遗产保护工作中,可以考虑将非物质的"堂"、"堡"和其具有一定历史文化价值的物质载体作为一个共同对象来保护。

结论

"堂"是中国传统宗族社会的单位,由属于宗族的一个主要分支的家庭组成。堂有其物质空间载体,即组成堂的家庭居住的院落及其宗祠建筑。但是,其首先是一种文化现象,而不是建筑现象。堂是一个活的概念,随着家族的繁衍一直处于生长变化中。有代表性的、作为非物质文化遗产的堂及其院落,可以共同组成村镇历史文化遗产保护的对象,承载着一个村庄、家族的丰富历史信息。

我们已经调研过的以蔚县为代表的冀西北地区和以邢台为代表的冀西南地区的历史文化村镇,可以从传统的社区组织机制及其在物质空间形态上的反映分别定义为"堡文化"和"堂文化"。前者反映了边陲地区,村落防御性的要求对于乡村社会组织和物质空间环境的影响;后者则代表了明代内陆地区,从贵族阶层向普通百姓阶层扩散的宗族文化对于乡村社会组织和聚落形态的影响。

通过对"堂文化"和"堡文化"的考察,我们认识到了传统乡村社会组织单位及其与物质环境之间的互动关系,可以将其作为除建筑类型、建筑材料、规划布局等建成环境要素以外,区分历史文化村镇地域特点的一个关键特征。从这些关键特征入手,可以进一步梳理两个地区的历史文化村镇遗产的区域性特点,提出针对性的保护原则和策略。

当然,本文所总结的堡文化和堂文化还只是一个初步调研基础上的假设,究竟在多大程度上具有地区代表性,还有待进一步调研的验证。在号称"八百堡"的蔚县地区,堡已是公认的典型村落社区形式。但是在英谈村所在的邢台地区,还需要更多的案例来验证"堂文化"作为地区历史文化遗产特色的代表性和覆盖范围。

本研究课题为国家自然科学基金资助项目(项目批准号:50708048)

* 本研究课题得到以下单位相关课题组的大力支持:
住房与城乡建设部:历史文化村镇保护规划编制办法
河北省建设厅:河北省历史文化村镇保护发展研究

参考文献

[1]杜赞奇. 文化、权力与国家:1900~1942年的华北农村. 江苏人民出版社,2004

[2]黄宗智. 华北的小农经济与社会变迁. 中华书局,2000

[3]谭其骧主编. 简明中国历史地图集. 中国地图出版社,1996

[4]王铭铭. 社会人类学与中国研究. 广西师范大学出版社,2005

[5]Freedman, Maurice. Lineage Organization in Southeast China. London: Athlone Press, 1958

[6]Pasternak, Burton. Kinship and Community in Two Chinese Villages. Stanford: Stanford University Press, 1972

作者单位:王 韬,清华大学建筑设计研究院
刘 斌,北京国建华景工程设计咨询有限公司
赵 勇,清华大学建筑学院

英谈村历史风貌破坏的社会经济原因调查报告
The Social-economic Investigation of the Historic Village Yingtan

李阿琳 *Li Alin*

[摘要]历史文化村落的衰败与历史风貌的破坏通常同村落的社会经济状况紧密相关。本文调查了英谈村院落房屋废置、新建院落蔓延这两种类型风貌破坏的现象，并在此基础上采用人类社会学的田野调查方法，详细调查分析了英谈村以传统农业生产为主的产业特征，及其人口流失、空心化、老龄化与社区衰退的社会结构特点，并由村民的收入消费特征以及集体财政的特点判断，英谈村历史风貌的保护难以通过村落自身实现，而需要寻找能够支撑村庄社会经济平衡的外部投入。

[关键词]历史文化村落、历史保护、空心村、社会经济

Abstract: The decline of historical and cultural value of historic villages is always related to the decline of social-economic conditions. After the description of two kinds of value decline of Yingtan Village: the abandonment of historical buildings and sprawl of new buildings, this paper tries to make a detailed social-economic analysis of Yingtan Village: the agriculture production, population loss, aged community and so on, using the investigate methods of anthropology and sociology. In the end, the paper aims to explain that the historical protection of Yingtan Village cannot be achieved by itself, and only can be achieved under the social-economical balance with the external supports.

Keywords: *historic village, historical preservation, hollowized village, social-economic balance*

一、英谈村历史风貌的破坏

1.历史地段院落与房屋的废置

以"石头村"而著称的英谈，由于历史地段院落与建筑的废置，造成大量历史建筑失修或坍塌，历史风貌遭到极大破坏，历史地段毫无生气。通过调查发现，在总占地面积为21397.8m²的历史院落中，实际有人居住的院落的占地面积仅约为6800m² [1]，使用效率仅为31.8%。从建筑的使用情况来看，调查的118个院落总建筑面积为15740m²，院落面积21397.8m²，容积率为0.7，人均建筑面积76m²（如果不扣除外出人数，人均建筑面积为55m²，减少26%）。按照邢台县25.4m²/人的标准[2]，以院落为单位衡量建筑的平均使用效率[3]为33%。院落与房屋废置的社会文化原因主要有三个方面：

一是家庭的不断小型化。为了避免住在"同一屋檐下"的矛盾，独家独院成为主要居住要求之一。英谈村的

历史院落通常是在大家庭(家族)时期发展的大院落,由于不适应现状家庭结构而遭到废弃。从英谈的情况来看,无论院落大小,只要条件允许,1户一般只愿意单独入住,只有少数经济贫困的家庭才会选择多户合住。对英谈118个院落进行走访,发现其中109个院落都只有1户人家居住,有2个院落入住有3户,7个院落住有2户,2户及以上共同居住的家庭中一般都有老年人。这也使得很多家庭放弃了大院中的老房子,而选择在村外新建住宅,加剧了一户多宅的现象。总体来看,面积在150m²左右的院落基本上一户一院,由于有个别劳动力外出而稍高于132m²的标准;面积大于132m²的院落,面积越大,实际使用效率越低;面积小于132m²的院落,面积越小,实际使用效率越高,也就越拥挤。

二是随着城市化进程的加快,引发人口流失和社会经济衰退,进而导致房屋空置,这是历史环境衰败的最主要原因。一方面,本村人员外出打工而造成院落闲置。在外出前,人均占地面积75m²,外出后,实际居住人口减少,人均占地103m²,增加37%。另外,一部分人搬往城镇居住[4],但由于各种原因仍旧在村里保留或新建住房。例如,其中一户户主是教师,现在不在村里住,但是其家庭成员仍旧在村里给他盖房子,为他今后做打算。

三是集体经济的衰落导致公共建筑的废置。20世纪60年代村里有不少的公共建筑,包括村委会、集体办公的地方、仓库以及从事集体生产的房屋。70年代后期合作社经济结束以后,村委会、合作社等办公场所全部闲置。仓库等在80年代末卖给个人,也几乎处于闲置状态。

2. 历史地段外新建院落的蔓延

历史地段院落与建筑废弃的同时,大量新建院落与建筑在历史地段以外范围不断蔓延。由于地处山区,建设用地有限,新建院落已逐步向山坡上缘发展,在建筑高度和视线通廊上影响着英谈村的传统风貌与自然环境特色的完整。目前,全村历史地段外围已被新建院落包围,同时内部也零星出现了一些新建建筑。新建院落的扩展主要分为两个阶段,其中透露出宅基地管理等方面存在的一些问题。

第一阶段是在20世纪80年代,为了解决人口大幅增长之下的居住拥挤问题而实行的居住外迁。据村干部介绍,1949年前后全村共有60多户,240人,1976年增至420人,1980年为550人,1987年已达602人。老院最多时住4户,十分拥挤。1976年开始有人陆续盖新房,一般是1、2间或者3、4间,一年新建院落最多批2户。1985～1988年间为盖新院落的高峰期,每年都有十五六户盖新房,每户5～6间。以英谈村开小商店的一家为例,20世纪80年代以前,全家9口人住在一个院子的7间房内(父母住2间,5个儿子住3间,2个女儿住2间)。之后,儿女相继成家,便陆续搬出老院。1983年2个儿子搬到村西建造新院落,2个儿子搬到老院附近,其中1个盖了新院,1个住在老院。这家盖的新院落与旧院落的比例为3:2。由于人口增加以及成家的需要,英谈村形成了第一轮的新院落建设。

第二阶段是1997年以后因宅基地管理较松而导致的人口外迁。据村干部介绍,英谈村1996年、1997年以来人口未发生显著变化,但仍增加了不少新建院落。20世纪90年代中期开始,英谈村加强了对宅基地审批的管理[5],但仍存在较大弹性。1996年,乡政府(路罗镇)主管土地的人员与村干部一同到各家进行丈量,并画草图记录。1997年村里组织填写宅基地证,村民同意后即予以发放。宅基地的申请资格也较为宽松,一般结婚、房子不够住时即可申请盖新房。若土地确实有限,则允许整理山坡盖房(一般为5～6间正房)。具体流程是:整理土地、丈量、发证、盖房。但同时也出现了一些个别现象,一是多花钱就可以多占地盖房,二是没有申请宅基地也照样可以建房。从宅基地的审批情况看,2006年,4、5户通过正规手续获得宅基地建房,10户没经过正规手续建房(2006年结婚的人很多,且有机器方便整理土地,故新修房子的人比较多)。在不占用耕地的情况下,一般只要结婚就允许盖房(整理山地)。这就形成了新建院落扩展的第二个阶段。

3. 历史风貌破坏的方式

由于历史地段的废置与新建院落的蔓延,英谈村历史风貌的破坏主要表现在三个方面。

一是历史院落废弃失修逐渐形成的历史环境的整体衰败,包括历史地段肌理的破坏和历史建筑价值的丧失。由于英谈村地处山区并且较为潮湿,一般情况下为了适应地形以及防潮的需要,村民习惯楼下住人、楼上仓储(极少一部分楼下仓储、楼上住人),楼上仓库因为维修不力而往往破损严重。加之人口外流,房屋使用率的降低更加剧了房屋的损坏。此外,部分历史地段范围内的改建、翻建或者新建建筑,在材料、色彩与建筑风格上与整体肌理相去甚远。

二是新建建筑由于与传统风貌不协调，造成了对整体历史环境的破坏。社会经济状况以及人们生活方式的变化，使得建筑材料、建造方式、建筑形式等与传统建筑存在很大差异。砖、水泥、钢筋、白灰、铝合金门窗等已被视为新建房屋的标准与财富的象征而广泛应用。

三是村落社会经济活力的丧失，导致整个村落陷入"空心村"的危机而毫无生命力。

二、城市化进程下的空心村

1.单纯的家庭农业生产的经济特征

英谈村位于河北省最不发达的地区之一：邢台[6]，距离邢台县2小时车程。由于地处山区，且无矿产资源，外部资本和技术很难进入，自身亦缺乏发展的机会。连通英谈与路罗镇的交通工具只有两辆私人面的，每车容纳7人，4元/趟，车程半小时。上午8:00出发，中午12:00返回，上午、下午各有一趟，司机中午在村里吃饭。有两辆车开往邢台，10元/趟，仅早上有一趟，一个月大概3～4次，交通非常不便。

20世纪七、八十年代集体经济结束以后，英谈村迎来了家庭联产承包农业生产的时代。全村共有土地10472亩，其中耕地375亩。人均6分耕地(包括菜地)，允许自行开垦山地。由于土地资源有限，产生了大量剩余劳动力。耕地主要种植玉米、土豆等，山地种植板栗，年人均纯收入约1000元，是家庭收入的主要来源。以小卖部一家为例，一年农业纯收入约为5000元，其中种植玉米3亩，一年可收获1500kg，收入2000元，板栗一年收获500kg，可收入3000元。分有3亩地，其中包括1分多菜地，又自行开山整理了7、8厘山地。蔬菜主要种植土豆、豆荚、白菜、萝卜，基本可以自给自足。对英谈村78户284个劳动力的调查结果显示，从事农业耕种的有109人，约占劳动力总数的59%，年龄基本在50岁以上。

英谈村几乎没有第二和第三产业，仅有极少量的采石和石材加工业。据介绍，英谈村民从1998年开始上山采石，2002年、2003年达到兴盛，近年由于开采难度加大，从事采石业的人已非常少，全村仅有一户人家从事石材加工业。全村只有一个商店，商业基本处于停滞状态。根据保护规划的地形图整理得到的用地状况[7]，居住用地占建设用地的比例为40.2%，商业用地的比例仅为0.3%。村民的商业以及社区服务等需求，通常是在镇区完成。但由于区位偏远，交通不便，外出非常困难。根据村民介绍，除了打工的人，村里的人几乎不外出，即使是村里唯一的小卖部的家庭也仅进货或者买菜[8]的时候去镇里。英谈村人至今仍过着近乎与世隔绝的自给自足的农业生活。

2.外出打工造成主要的人口流失

由于英谈村无法为本村劳动力提供足够的就业机会，迫于家庭生活的压力，大部分劳动力都外出打工。据支书介绍，全村175户，620人，约350名劳力中有150人外出打工，占劳动力人数的43%。从实地调研的情况看，调查的78户284人中，劳动力185人占65%。外出77人占总人数的27%，劳动力的42%。在对185个劳动力调查中发现，外出打工的63人中，随着距离的增加人数逐渐增加，乡上打工1人，镇上打工6人，县上打工14人，外县4人，石家庄3人，外省35人。主要原因是在外省打工赚的钱相对要多些。去的地方有：山西(煤矿)、陕西(煤矿)、内蒙(煤矿)、邢台(多种职业)、山东(不详)、天津(安装电器)。出去打工会成群结队或者好几个人一起出去，一个人或者两个人单独出去的情况比较少。由于出入村不便，外出打工的人基本上没有通勤往返的情况，仅农忙时节回来几天。一般在谷雨播种的时候回来3～5天，秋收的时候回来10～15天，帮着干活。

除了劳动力外出打工的人口流失，英谈还由于没有中学而造成了中学生的外出就学。据调研，村内没有幼儿园，原来有育儿班，后来因为小孩子数量少就取消了。小学1～3年级在村子里上，4年级以上去杨庄上(原来是乡政府，撤乡并镇以后归路罗镇)，初中以上去路罗镇上(住校)，两个星期回来一次。英谈村长期外出上学的初中以上的学生共计14人。

由于年青劳动力和中学生的外出，英谈村形成了极其严重的社会空心现象。

3.空心化、老龄化与社区衰退

大量年轻劳动力的外流造成英谈村人口数量的减少和人口结构的变化，例如表现为"386160"现象(妇女儿童老人)的社区衰退。这已成为英谈村历史文化保护所要面临的严重问题。英谈村全村616人，外出人口占26%，在村中居住的65岁以上的老人占了30%。在人口规模小、人口外出造成实际居住人口老龄化严重的同时，剩余家庭还伴随着生活贫困的经济问题。大量的房屋闲置或者居住者为老人，既没钱也无人维修房屋，基础设施陈旧。人口的衰退以及经济的落后，直接造成物质环境的衰败并增加了改善保护村庄环境和维持社区活力的难度。

三、历史风貌很难维持的经济原因

1.收入与消费状况难以支持旧宅维修

由于所处的地理位置偏远，交通不便，经济发展落后，英谈村保存了古老的形态、历史文化特征以及传统的生活方式。社会经济发展迟缓在保存了传统的同时带来了贫困，这为历史文化村落的保护提出了难题。

英谈村村民的收入与消费状况决定了其舍旧房建新房的居住模式。一方面维修旧房太贵，另一方面建新房被认为是财富的标志。村民人均年收入为1000元，而毕生所存的钱即是为了成家盖新房。据村民介绍，大家一般都喜欢存钱，主要用来盖房、取媳妇、病灾、防老、供孩子上学，基本没有多余的钱来维修房屋。以在英谈村较富裕的小商店家[9]为例进行说明。加上农业收入，全家5口的年人均纯收入为2000元。小商店一年能收入400到500块钱；旅游住宿标准为一天15块（住加吃），一年有5000块钱左右；一个女儿在廊坊旅行社打工，老板管吃管住，一个月500块钱的收入，基本收支平衡。全家的消费状况婚嫁和盖新房的花费在6万块以上，平常一年的花销在4000块左右，固定资产消费在5000块左右。这样，在全家一年1万收入的状况下，很少有多余的钱来维修房屋。同时，由于目前石材较贵，维修旧房的价格太高，因此很少有人去修。小卖部这家，2002年维修屋顶（石板破了，漏雨，木头腐烂），买石板即花了2000~3000块钱。因此，对于居住在旧院中的家庭来说，维修房屋是较大的经济负担，尤其是对于其中大量的老人家庭来说，更是如此。小商店家具体的消费状况如下：

婚嫁：两个女儿出嫁，都嫁在本村。结婚花销一次在6000~7000元左右。

盖新房：盖一栋5间的新房需4.5万元。其中，砖需要去邢台县买，用汽车拉回来。水泥、钢筋、白灰、门窗等需要去路罗镇买。劳力上，一般请6~7个大工砌墙等，大工大部分是外村的，35元/天。请小工10人左右，一般是本村的，30~35元/人。管吃，每天一人一盒烟，2元/盒。

取暖做饭：共计380元。冬天和夏天用煤炭做饭，夏天用柴火（冬天上山拾柴，夏天烧）。冬天烧煤取暖，不烧炕。仅偶尔在经常使用的那一间房屋烧。冬、春两季一共约烧1000个煤球，3.8角/个。

水：集体在村头挖的井，是从山上下来的地下水，不用给钱。从80年代就有，水质好。

电：一年400元左右的电费。70年代就有电。现在一个月大概30~40元的电费，平均0.49元/度。

饮食：一年2000元左右的伙食费。早饭是豆浆（黄豆浆）和馍（面粉），一个月吃面粉50元。午饭是面条和大米，一个月大概60元；肉和豆腐一个月40元；油等一个月大概30元。

衣着：两个人一年100元。

电信：一年在500元左右。座机一个月23元，一个月消费20~30元左右。有手机一部，但用得很少，最近才买的，900元。电视信号采用大锅，450元，请镇上的人帮忙装的，可以看29个台。

电器：21寸彩电（2000年，1500元）；洗衣机（2001年）；冰柜（2004年，因为开商店）；电磁炉（2004年，平时做饭）；风扇（5个）；煤气炉（平时炒菜用，1~2个月用一罐气，70~80元/罐）。

2.村集体的经济状况难以维持风貌

由于村集体没有收入来源，很难有资金用于历史保护。搞工程的时候会召开村民大会，大家分摊工程的费用进行集资建设。以2004~2005年的生态文明村建设为例，据村干部介绍[10]，一共花费23.24万元，政府补贴几万块，社员分摊200元/人，通过关系，跟有关部门争取了一部分钱。拆除厕所、猪圈40多处；新建公厕15处；新建垃圾堆12个；装路灯20个；添置公共场所沿街的健身器材3个；硬化水泥路1800m，路旁种树860株。是否开展生态文明村建设项目由党员和村民代表共50~60人一起决定。2006年，修护堤坝、防止渗水的工程同样采取社员分摊、集体分担的方式。为了防止威胁更改河道，花了1万多元钱；修西门花了1万多元钱；扩大水井，用石头围砌，花了1万5千元。由此可见，靠村集体和村民自身来进行历史风貌的保护，几乎是不可能的事情。

综上可以得出结论：英谈村历史风貌的保护，需要寻找能支持村庄经济和社会平衡的外部投入。

本研究课题为国家自然科学基金资助项目（项目批准号：50708048）

* 本研究课题得到以下单位相关课题组的大力支持：
住房与城乡建设部：历史文化村镇保护规划编制办法
河北省建设厅：河北省历史文化村镇保护发展研究

注释

1. 户均宅基地2分，户均4人计算，人均占地面积的标准是33m², 1户基本上是130~140m²之间的占地面积。

2. 河北省村镇建设统计年报2005

3. 实际居住人口×25.4m²/院落总建筑面积

4. 根据同村干部的访谈，1998年、1999年有5、6户搬到邢台市。这5、6户在城里的企事业单位工作，年纪在50岁左右，在村里的房子长期空置。

5. 数据来源：同小卖部一家3口访谈所得。访谈时间：2007年4月21日。地点：英谈村小卖部

6. 依据《河北经济年鉴…年份…》。近年来河北省发达地区为唐山，较发达地区为石家庄、秦皇岛、廊坊，次发达地区为衡水、沧州、邯郸、保定，最不发达地区为承德、张家口、邢台。

7.《英谈村历史文化村落保护规划》的资料

8. 菜给旅游的人吃，平时都吃自己种的菜

9. 数据来源：同小卖部一家3口访谈所得。访谈时间：2007年4月21日。地点：英谈村小卖部

10. 该部分数据是同英谈村村委干部5人访谈所得。访谈时间：2007年4月21日。地点：英谈村小卖部

作者单位：清华大学建筑学院

英谈历史文化名村保护规划研究
Study on Conservation Planning of Yingtan Historic Village

赵 勇 霍晓卫 顾晓明 Zhao Yong, Huo Xiaowei and Gu Xiaoming

[摘要]英谈是国家历史文化名村。通过对其每栋建筑单体进行评估、分类，建立历史建筑档案，掌握历史文化名村最详实的资料，可以在此基础上明确保护对象，制定保护规划方案。研究表明，保护英谈传统风貌和历史文化遗产，应重点保护其空间格局、历史街巷、历史建筑和历史环境要素等方面。

[关键词]英谈、历史文化名村、保护规划

Abstract: Yingtan is one of the Chinese Historic Villages. By assessing and classifying each building, full and accurate data of the historical village Yingtan are obtained and the historical Building Records are set up. Then clarify the objects which should be protected and make the protecting plan. The study demonstrates that, in order to save traditional features and protect the precious cultural heritage, much attention should be paid to protecting the spatial feature, the historical buildings, streets, and environment elements, based upon which protection objects are clarified and protection plan is made.

Keywords: Yingtan Historic Village, conservation planning

作为国家历史文化名村，英谈保存了完整的传统风貌和历史文化特色，具有较高的保护价值。基于此，我们制定了本次保护规划方案，以延续历史文化名村的传统风貌和历史文脉，保护珍贵的遗产资源。

保护规划严格遵循原真性、整体性、协调性和永续利用原则。首先，尊重村庄生活中历史环境所具有的不可替代的价值与作用，保护文化遗产的历史真实性；其次，从整体层次综合考虑各类保护要素，对传统格局和历史风貌进行整体结构性保护；第三，协调保护与利用的关系，保护规划既要适应现代生活的需要，又要切实保护遗产资源不受威胁；第四，提倡用地功能的混合利用，使民居生活和旅游度假相结合，充分发挥被保护资源及其相关设施的价值；最后，坚持永续利用原则，在保护和修缮的同时，采取措施恢复建筑遗产的生命力，实现历史文化遗产的永续利用。

一、建筑评估、分类与历史建筑档案的建立

1.现状评估

本次研究对英谈村的建、构筑物进行了全面普查，对174座院落进行统一编号。对建筑单体从建筑年代、建筑风貌、建筑质量等角度进行分析衡量，划分统一的评价标准等级，进而明确保护对象，确定保护模式(图1~12)。

质量评价：根据建筑的主体和局部结构的质量状况，将单体建筑的质量分为四等：较好、一般、较差、很差(图13)。

风貌评估：在现场勘踏、实地走访的基础上，将建筑风貌分为四类：完整、一般、与历史风貌无冲突、与历史风貌有冲突(图14)。

年代评估：将建筑年代大致划分为三个时期：1949年以前、1949~1980年、1980年以后。英谈村建筑的建设年代以1949年前为主，并且呈现由内向外建筑年代由老渐新的分布规律(图15)。

使用状况评估：对每栋建筑的使用情况进行记录。在调查中发现，由于人口外迁和新房建设，部分老建筑被空置。

2.建筑分类

通过对建筑质量、风貌、年代和使用状况进行综合评价，将英谈建筑分为四类(表1)：

1.青红掩映的石屋
2.石板街
3.英谈夕照
4.石板长凳
5.平整的台阶
6.向阳桥
7.石舂石杵
8.石磨
9.经过加工的石板
10.前英谈寨门
11.石碾
12.红石栅栏

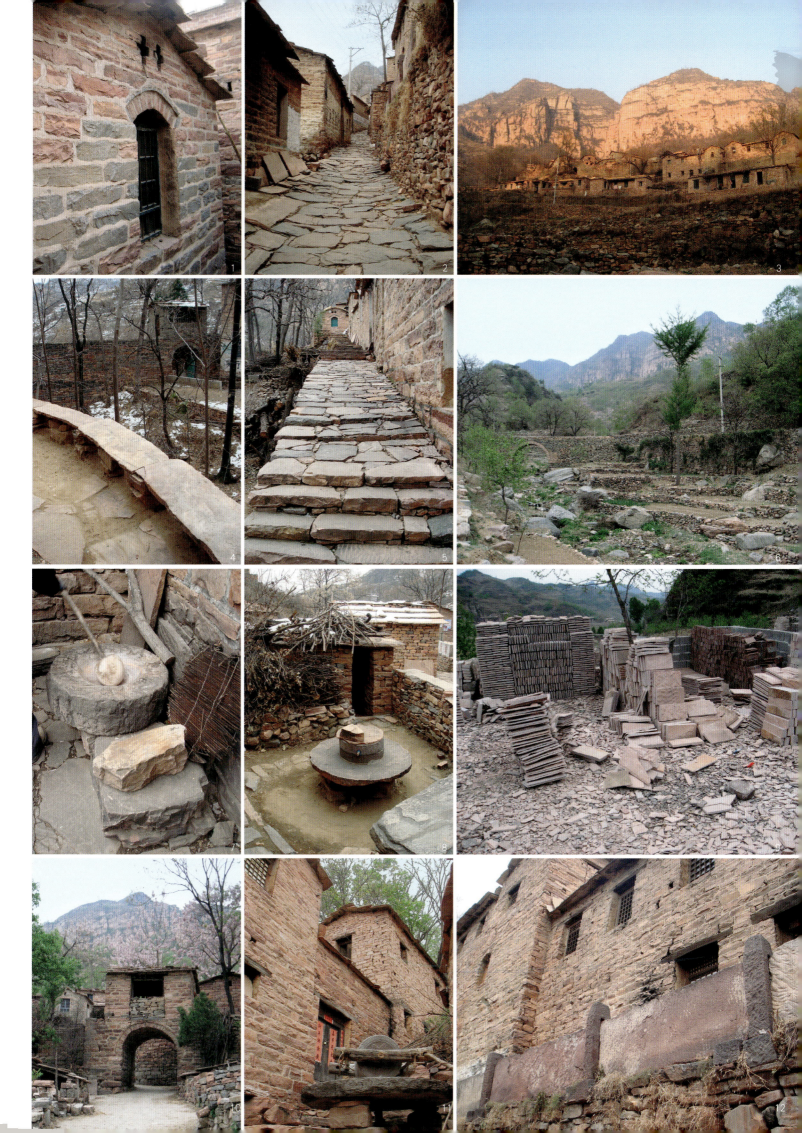

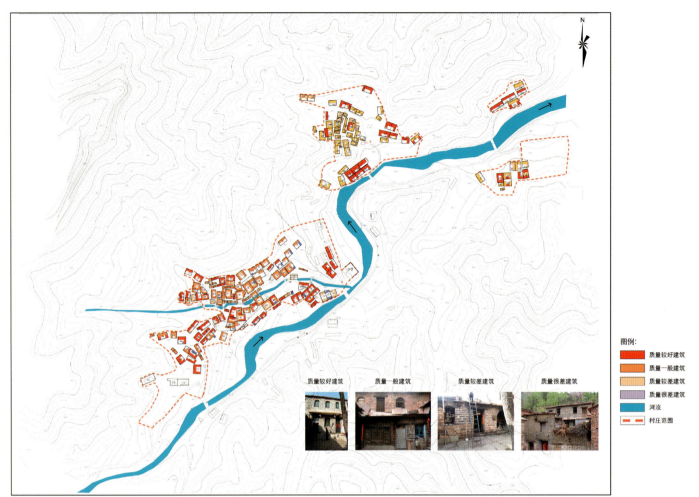

13.现状建筑质量评价图

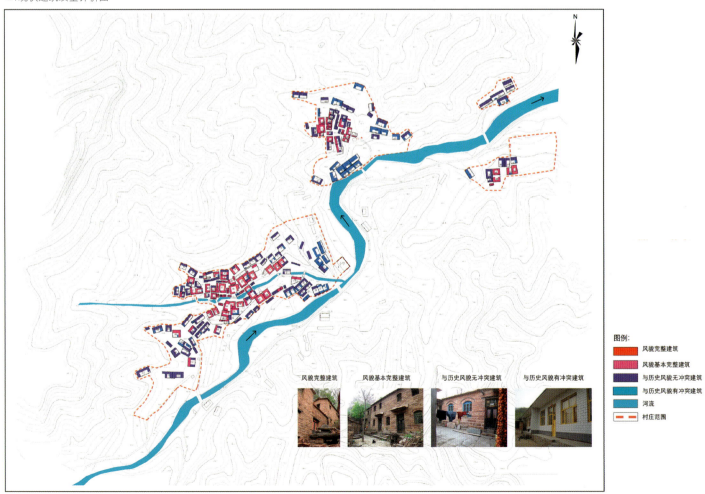

14.现状建筑风貌评价图

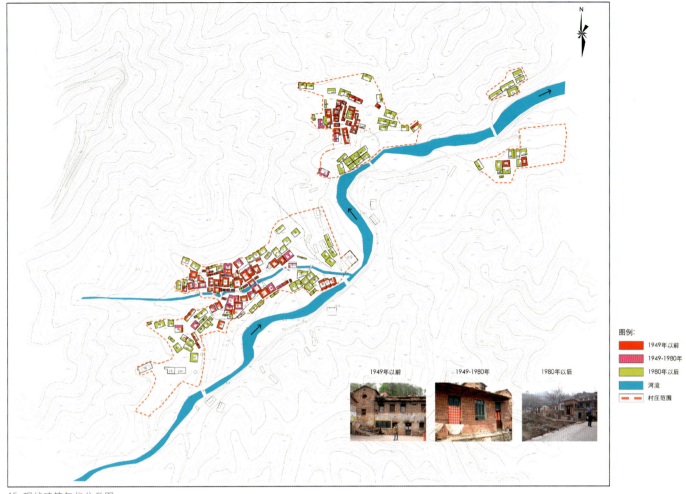

15.现状建筑年代分类图

英谈村历史建筑档案总表　　　表1

分类	档案种类	英谈村历史建筑
有较高保护价值的历史建筑	1.反映重要职能与特色的历史建筑	
	①历史上曾作为区域政治中心、军事要地、交通枢纽和物流集散地的建筑	无
	②少数民族宗教圣地的建筑	无
	③传统生产、工程设施建设地的建筑	无
	④集中反映地区建筑文化和传统风貌的建筑	"四大堂"建筑群
	2.重大历史事件发生地或名人生活居住地的历史建筑	
	⑤重大历史事件发生地建筑	冀南银行旧址、八路军铁匠铺
	⑥名人生活居住地的历史建筑	中和堂的桥院(七·七事变后国民党河北省政府主席鹿钟麟临时办公地)
有一定保护价值的历史建筑	3.保存风貌完整和质量较好的集中反映地方建筑特色的典型历史建筑，体现村镇传统特色和典型特征的环境要素	
	⑦风貌完整和质量较好的宅院府第、祠堂、驿站、书院、会馆等典型历史建筑	贵和堂、中和堂、德和堂、汝霖堂等20多处院落
	⑧风貌完整和质量较好的城墙、城(堡、寨)门、牌坊、古塔、园林、古桥、古井、100年以上的古树等典型历史环境要素	后英谈东寨门、西寨门、南寨门、前英谈村寨门；聚英桥、希望桥、院下桥、双桥、中和桥、贵和桥；古树10余棵；石碾3个
	4.保存风貌和质量一般的反映地方建筑特色的历史建筑、体现村镇传统特色特征的环境要素	
	⑨风貌和质量一般的宅院府第、祠堂、驿站、书院、会馆等历史建筑	民居院落近30处
	⑩风貌和质量一般的城墙、城(堡、寨)门、牌坊、古塔、园林、古桥、古井、100年以上的古树等历史环境要素	寨墙；后英谈村北寨门、东侧寨门；向阳桥、永康桥、未来桥等古桥；古井2眼

一类建筑：各级文物保护单位以及具有较高历史、科学、艺术价值，能够反映英谈村历史风貌和地方特色的建（构）筑物，年代大多为1949年以前，建筑风貌完整或一般，建筑质量较好或一般。

二类建筑：具有一定历史、科学、艺术价值，能够反映英谈村历史风貌和地方特色的建（构）筑物，年代大多为1949年以前，建筑风貌一般，建筑质量较好或一般。

三类建筑：指与历史风貌无冲突的建（构）筑物，年代大多为1949年以后，建筑质量为较好或一般。

四类建筑：与历史风貌有冲突的建（构）筑物，年代、质量不限（包括1949年以前的风貌和质量均较差的建、构筑物）。

3.建立历史建筑档案

历史建筑是历史文化名村的主体，历史建筑的数量、规模和保存状况是确定名村称号的重要依据。明确英谈村历史建筑，全面掌握其历史文化资源的详实信息，是开展保护规划工作的基本前提。我们将具有一定历史、科学、艺术价值，能够反映英谈村历史风貌和地方特色，并且尚未公布为文物保护单位或登记为不可移动文物的建、构筑物确定为英谈村历史建筑。对应于建筑分类，即将一、二类建筑确定为历史建筑，三、四类建筑确定为一般建筑。

根据建设部、国家文物局下发的《中国历史文化名镇（名村）评价指标体系》（建规函 [2007] 360号）规定，历史建筑按照价值特色可划分为反映重要职能与特色的建筑、重大历史事件发生地或名人生活居住地的建筑、集中反映地方建筑特色的典型建筑、体现村镇传统特色和典型特征的环境要素等类型，这些既是评定历史文化名镇（名村）的基本标尺，也是确定历史建筑的主要依据。在此基础上，我们建立了英谈村历史建筑档案，详细记录每一处历史建筑的基本信息(表1)：

历史建筑档案中详细地记录了院落和建筑的基本信息，包括院落在村庄中的位置、院落平面布局、院落编号、院落产权、占地面积、建筑面积、现住户数、现住人口、户主姓名、院落整体保存状况，以及院落内每栋建筑的编号、照片、年代、结构、功能、质量、风貌、保护与整治模式等，并且附有能够反映院落整体外观面貌与入口处的照片。

二、保护规划方案

通过调查分析，以英谈聚落空间格局、自然环境、历史建筑遗存、历史环境要素等的分布现状为基础，划定保护范围和环境协调区。保护范围包括核心保护范围和建设控制地带。核心保护范围面积

16.英谈村保护范围规划图

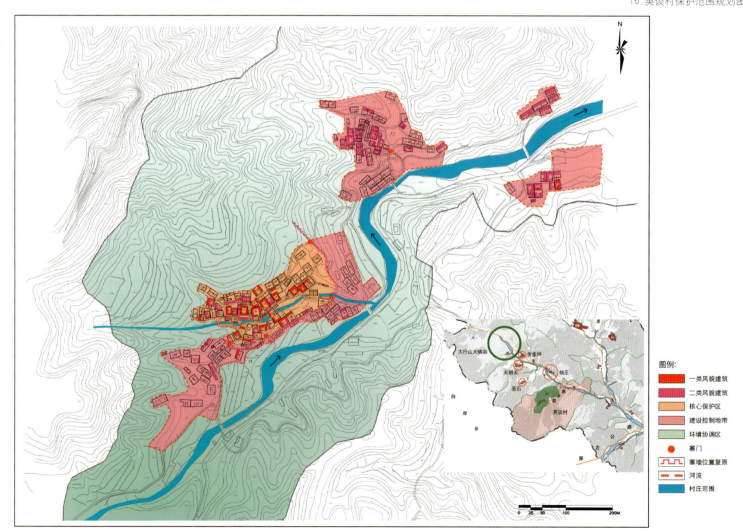

约为3.2hm²，即英谈村四座城门及城墙围合地段，其中历史建筑占地面积为2.3hm²，建设控制地带面积约为8.2hm²，包括核心保护范围以外的区域和前英谈村、东庄的现状建成区范围及其周围自然环境，其中涵盖一些不同类型的历史建筑、新建建筑、构筑物及环境等。将保护范围向外延伸100～300m，划为环境协调区，以保证英谈历史文化名村风貌的完整性(图16)。

通过调查研究，规划认为，特色鲜明、风格突出的传统风貌和建筑文化是英谈名村的核心价值所在，应予以高度重视，切实保护。同时，还应改善英谈村居民的生活条件，整治村容村貌，以保持传统村寨活力。此外，在保护的前提下应充分利用历史文化资源的价值，发展第三产业，将英谈的资源优势和传统魅力发扬光大。保护英谈村的传统风貌，应重点保护村落的空间格局、历史街巷、历史建筑、历史环境要素和非物质文化遗产等方面，具体策略概括为：

1. 空间格局保护

坚持整体保护原则，保护传统村落的传统格局和历史风貌。主要包括自然环境保护、视线通廊控制和建筑高度控制三个方面。具体措施有：保护英谈周围的山体形态和自然植被，遵循因地制宜、因景制宜的原则，适当种植经济林木；保持地标性自然环境、标志性历史建筑和主要街巷道路之间视廊的通视性，强调英谈观景点之间的呼应关系；控制后英谈西部、北部的建筑高度，严禁破坏山体制高点的地形地貌(图17)。

2. 历史街巷保护

石板路、石板巷是英谈最显著的传统特色之一，应加以重点保护。首先，严格保护并延续英谈传统的路面形式和街巷格局，尽量避免实施路面工程改造，维持路面清洁；其次，恢复或重建石板路面，统一保护范围内的路面材料；第三，保护沿街民居的传统风貌，保持沿街建筑立面形式、建筑材料、建筑色彩等的统一性、连续性和视觉景观的完整性，对不协调的建筑进行整治、更新；第四，保护英谈村内、外两条水道，保持其传统形式、流向及河岸的铺砌方式，依照河道的走势和宽窄变化修建塘坝，同时加强对古桥的保护和加固；最后，充分利用、适度改造街巷休憩空间，营造具有独特山乡风情的绿化环境和休憩广场。

3. 建筑保护与整治

切实保护英谈村的传统建筑文化，确定不同的保护与整治模式，并对历史建筑进行挂牌保护。根据建筑年代、风貌、质量等的不同，将建筑分为四类，分别加以保护修复、维修改善、保留控制和整治更

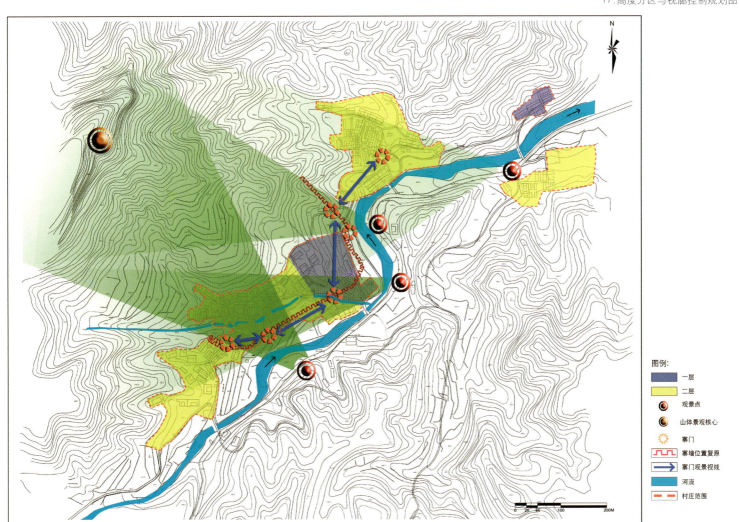

17.高度分区与视廊控制规划图

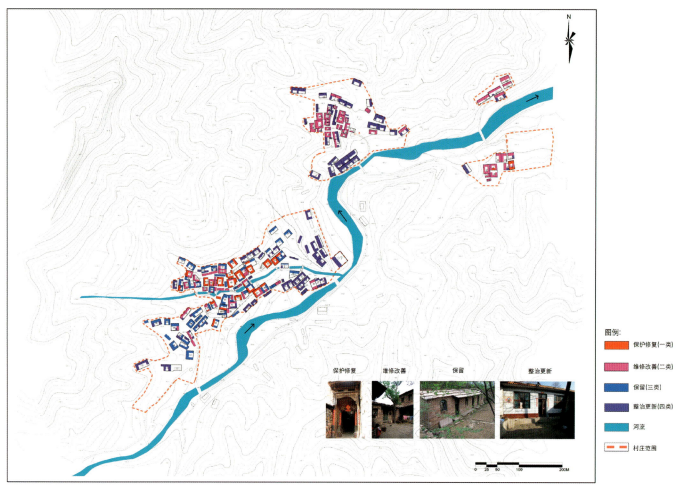

18.建筑分类保护与整治规划图

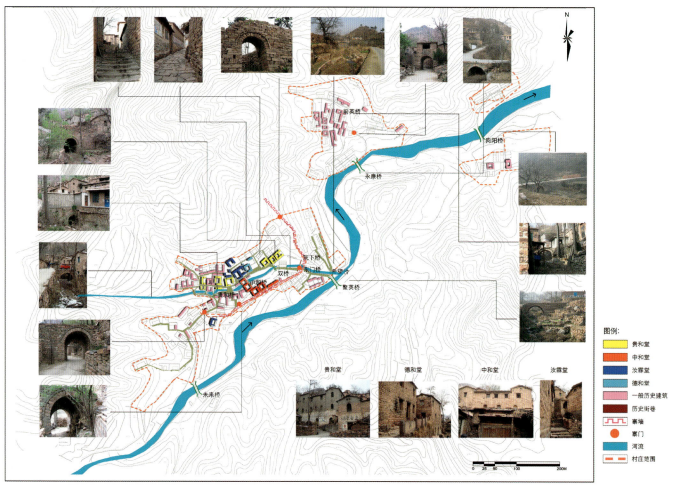

19.历史建筑及环境要素分布图

英谈村历史建筑保护与整治模式统计表　　　表2

类别	价值	年代、风貌、质量、特征	保护整治模式	保护整治措施	对应建筑数量（栋）	对应建筑比例（%）
一类建筑	具有较高保护价值的历史建筑	大多为1949年以前；价值较高；质量较好；意义重大	保护修缮	内、外基本保持不动	52	13.27
二类建筑	具有一定保护价值的历史建筑	大多为1949年以前；风貌一般；质量较好或一般	维修改善	内动，外不动	150	38.27
三类建筑	与历史风貌无冲突的一般建筑	大多为1950年以后；与历史风貌无冲突；质量较好或一般	保留（控制）	基本内、外不动，若整治应与历史风貌相协调	94	23.98
四类建筑	与历史风貌有冲突的一般建筑	年代不限；与历史风貌有冲突的新建筑；风貌质量较差的老建筑	整治更新	内、外都予整治	96	24.49

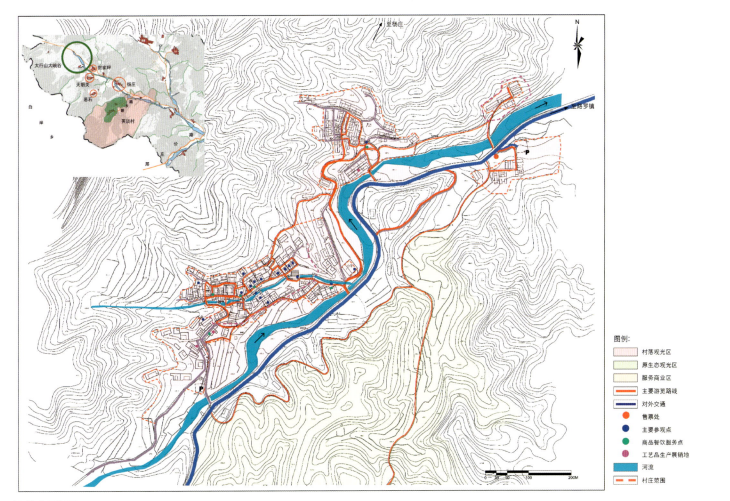

20.旅游规划图

新（表2）；对规划确定的历史建筑进行挂牌保护，提高居民和游人对历史建筑的认知程度，增强保护意识（图18）。

4.历史环境要素保护

保护英谈丰富而独特的历史环境要素，对典型要素实施挂牌保护。采用当地石材修复、加固后英谈寨墙、寨门；保护、整治古桥，恢复原有的红石板路面；登记、保护百年古树；充分利用古井、石碾、石磨等历史环境要素，适当配备小型休憩设施，营造休憩空间；保护梯田的完整性和层次感，突显山地村庄的农耕文化特色。

5.非物质文化遗产保护

保护以堂文化、石头建筑工艺和民俗传说等为代表的非物质文化遗产，延续历史文脉。具体措施有：建立非物质文化遗产档案，全面记录英谈非物质文化遗产资源；对非物质文化空间实行挂牌保护；建立"英谈村民俗文化展馆"和"画家写生基地"等，加强对非物质文化遗产的保护和展示，推动第三产业的发展；建立"河北省英谈历史文化名村"网站，通过网络媒介向世人展示英谈风采；利用多种手段加强对文化空间的展示和宣传（图19）。

此外，根据英谈的历史文化资源特色，制定旅游发展规划，使其与周边资源及著名景点携手并进，形成华北地区富于特色的旅游环境（图20）。关于用地布局、市政设施等的规划措施，由于篇幅有限，不再赘述。

本研究课题为国家自然科学基金资助项目（项目批准号：50708048）

* 本研究课题得到以下单位相关课题组的大力支持：
住房与城乡建设部：历史文化村镇保护规划编制办法
河北省建设厅：河北省历史文化村镇保护发展研究

作者单位：赵勇，清华大学建筑学院
霍晓卫　顾晓明，北京清华城市规划设计研究院

河北民居调研报告
Rural Residential Architecture Survey in Hebei Province

吴淞楠 何仲禹 *Wu Songnan and He Zhongyu*

[摘要] 作为我国优秀民居建筑文化的重要组成部分，河北民居结合地域特点，形成了自身的特色。但由于重视不够、保护不当等原因，很多民居及其建成环境受到严重破坏。本文在大量实地调研的基础上，从传统民居特色与现代民居建设两个方面剖析了河北民居的现状，对于传承地方特色，引导民居建设合理发展具有十分现实的意义。

[关键词] 河北民居、传统特色、民居建设

Abstract: As a part of Chinese architecture tradition, rural residential architecture in Hebei province has its unique qualities which have been undermined in recent years for lacking of recognition and preservation measures. Based on a number of fieldworks, this article tries to analyze the present status of rural residential architecture in Hebei province, with implications to both preservation work and new development.

Keywords: rural residential architecture in Hebei, traditional qualities, rural housing development

2006年12月～2008年3月，笔者参与了"河北省历史文化村镇保护研究"课题，负责其中的"传统民居保护与发展"子课题。为此，在一年半的时间里，课题组先后五次赴河北省调研冀北、冀中、冀南以及太行山区的30多个村镇，了解历史文化村镇的情况与发展趋势，为课题研究提供客观的数据与宝贵的第一手资料。

一、传统民居特色与保护

河北省地处华北中部，渤海之滨，自古被称为"燕赵大地"，是中华传统文化的起源地之一。在漫长的历史岁月中，河北民居深受传统儒家思想的影响，结合地域特点，形成了自身的特色，外形质朴大方，乡土历史气息浓郁，成为我国传统民居建筑文化的重要组成部分。在建设选址、院落布局、建筑手法和技巧以及选择材料、外型装饰等方面，河北民居至今仍然具有传承、借鉴的价值。

1. 聚落选址与形态

在我国古代，基于传统山水文化，理想的村落及建筑选址是背山面水、负阴抱阳。基址要处于山水环抱的中央，地势平坦且具有一定的坡度。这样的格局有利于创造良好的小气候、保证水源，同时免受洪涝之灾。河北民居在聚落选址方面深受我国传统山水文化的影响，但因地区差异，如气候、地形条件的不同等，形成了各自的特点，大致可以分为以下四种类型。

(1) 依山就势，因地制宜

太行山在河北省西部绵延400km，群山峻岭，地势陡峭。太行深处、远离尘世的村落，结合地形地貌，与周围自然环境和谐共生，形成了独具特色的聚落形态和民居建筑。例如位于邢台县西部太行深山区的英谈村，便由太

1. 邢台县英谈村
2. 阳原县开阳堡
3. 邢台县皇寺村

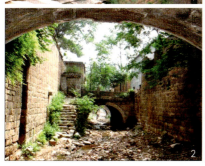

行山崎峰雾子垴、和尚垴等紧紧围绕，村北的西岩和北岩两座山峰是阻挡冬日寒流的天然屏障，村前有河流蜿蜒而过。整个村落隐匿于山水之中，与周围环境相得益彰。村内民居依山就势，高低错落，多为2层或3层的小石楼。房前屋后绿意盎然，颇具韵味，体现了太行山山区典型的聚落形态与建筑风格（图1）。同样的类型还有石家庄井陉县大梁江村与邯郸涉县王金庄村等。

(2) 背山面水，讲究风水

在我国古代，风水理论于建筑选址来讲是不容忽视的，有"阴阳"、"四象"、"五行"、"八卦"等学说。风水理论其实是古人在选择生存环境时，避开或尽量克服不利的自然因素而逐渐形成的一种文化现象。在此次调研的村落中，阳原县开阳堡即是其中的典型一例。开阳堡始于战国时的安阳邑，具有悠久的历史。就其所处地形来看，中间高而平，东西低洼，南有一土丘，面临流水的沙河，很像一只灵龟，当地有"灵龟探水"式风水格局的说法。整个古堡，布局方正，堡墙屹立，坚实如初。堡内格局与传统南北中轴线式布局不同，而是采用南北、东西各两条大街，形成"井"字型结构，把整个堡分为九部分，亦称"九宫街"（图2）。

(3) 古堡城墙，重视防御

此类村落多位于盆地、平原和用地较为平整的浅山丘陵区，由于受地形限制较小，它们一般边界明确、轮廓方正或具有其他简洁的形状，轴线明显、街坊整齐。蔚县的北方城村、上苏庄村、南留庄镇以及阳原县的开阳堡等都属于此类。以北方城村为例，其明清时是蔚县县城通往西北的交通、经济枢纽，地处交通要道。现城池格局保存完整，平面呈方形，边长约200m，四周黄土夯筑城墙。南北纵轴线是堡内的主街，沿主街东西向有街巷6条，呈"王"字形格局。村内主要寺庙建筑均位于南北这一条纵轴线上，正北城墙上建有真武玄帝宫一所。

(4) 小桥流水，前宅后河

此类村落形态的典型特点是"小桥、流水、人家"，依河成街，依河筑屋，多见于江南。但在这次调研中，我们发现邢台县皇寺村和英谈村，在村落布局中对"水"的利用与组织也是匠心独具。皇寺村位于太行山东沿，以玉泉池闻名，古桥河道保存良好，形成独特的前宅后河的村落格局，虽非江南实似江南（图3）。而英谈村则有条从北向南贯穿整个村落的山溪，据说十年前溪中尚有水，近年来干涸后，只剩河沟中生长茂盛的植物。此山溪与主街大致平行，溪上共有18座桥，桥身多为红石砌筑，连接着山溪两边的院落。更奇妙的是，有的院落就建在山溪上，院落本身承担了桥的功能，当地人称这种建筑模式为"桥院"。这种以山溪组织院落布局、小桥人家的景象在我国北方山区甚为罕见。

2. 院落布局与结构

以院落形式来组织空间是河北民居的基本特征，其做法大多是有明确的轴线，并在正中布置主要房间，两旁安

4. 冀南"两甩袖"民居院落
5. 冀北民居院落
6. 蔚县上苏庄村民居院落测绘图
7. 井陉县大梁江村街巷景观
8. 邢台县英谈村民居院落测绘图

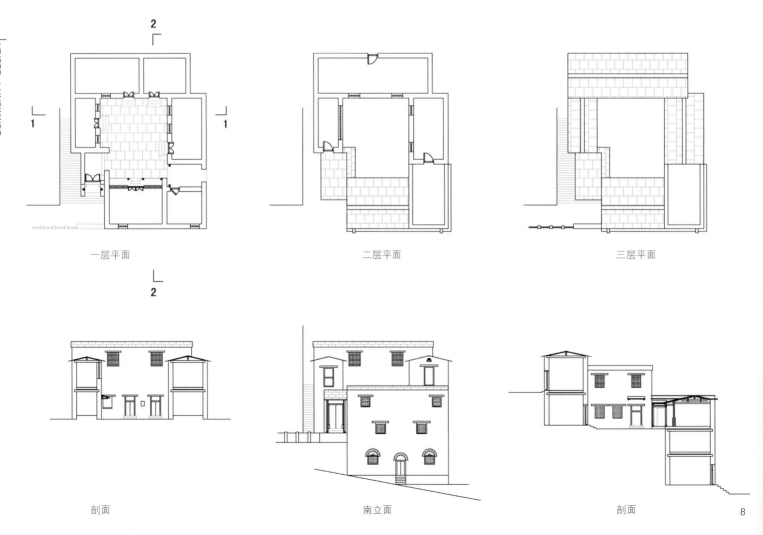

一层平面　　　二层平面　　　三层平面

剖面　　　南立面　　　剖面

排其他房间，有一进院或者多进院。受地形、气候等原因的影响，不同地域的河北民居在院落组织形式、建筑体量等方面又有其自身的特色。冀南民居有典型的"两甩袖"式院落格局，冀北民居则院落较为开敞。山区民居充分利用地形依山而建，但这些都是在以满足功能为基本出发点的基础上形成的。

(1)冀南民居

冀南泛指河北省南部，这里历史上就是交通便利、经济发达、文化繁荣的地方。冀南民居受特定的地理环境、生产方式、文化审美等因素影响，具有鲜明的地区特色，特别是位于冀南的武安地区形成了典型的"两甩袖"的民居院落格局。此次调研的伯延镇保存着较为完整的清末民初民居建筑群，现存清末建筑150余处，规模宏大，建筑精美。[1]

伯延镇位于河北省武安市的西南部，历史悠久，古时为连接晋、冀、豫三省的重要通道。此地民居充分体现了冀南民居"两甩袖"的特征。院落平面布局多为合院式，有单进院与多进院，其中尤以多进院设计巧妙，气势宏伟。规模较大的宅院依次由几套院落构成，有明确的轴线，正房居中，两侧是厢房，四周以院墙与外界隔绝。从功能上讲，位于中轴线上的正房，由长者居住，两侧厢房由晚辈居住或作为仓储用房。充分体现了中国传统民居的家庭观念和东方的伦理道德。与晋中民居的高墙大院相比，冀南民居的院落普遍偏小，建筑面宽较窄，进深较大，封闭性更强(图4)。

(2)冀北民居

河北北部地区气候干燥，地貌贫瘠，冀北民居与冀南民居的院落格局虽都为合院式，却有明显的区别。冀北民居院落规模较小，多为单进院，占地面积100～300m²，虽然不敌冀南富商的豪门大院，但建筑风格质朴，别有风韵。冀北民居建筑普遍面宽较阔，进深较小，且较低矮，以1层为主，建筑高度大多不超过5m(图5～6)。如蔚县的北方城村、上苏庄村等，民居是古堡内的主要建筑，均为四合院布局，多为明清所建。每所民居大小不一，各具特色，主次分明，既有精巧的艺术雕饰，又有质朴的农耕设施，充分体现了古代民居建筑的艺术特点和实用价值。其中也不乏规模较大的院落，例如南留正镇的"门家九连环"。其沿正街共有6个出入口，沿北街另有3个出入口，占地约8亩左右，共18进院落，220多间房。多个院落相互贯通，大院套小院，正院携偏院，院中院，屋前廊，步移景异，为古堡之标志性建筑。

(3)山区民居

山区民居的典型特点是依山而建，充分利用地形，形成良好的自然人文景观。前文提到的邯郸涉县王金庄村、邢台县英谈村和井陉县大梁江村均处于太行深山区，村内的房屋依山就势，高低错落，院院相通，易出易进，形成了独具一格的古太行建筑风格——石头民居(图7)。以英谈村为例，村内分布着大小院落近百座，建筑约500栋。就单进院落而言，最大的占地约376m²，最小的仅为97m²。院落格局多为四合院，平面尺寸约为15m×15m，中部有一个狭小的天井，面积约20～30m²。与冀北民居相比，这里的院落空间明显尺度偏小，空间较为狭促。建筑一般为1或2层，少数3层，进深4～6m，空间格局灵活多变，极富山区特色。在山势较为陡峭的地带，相邻两幢建筑的高差可达1层，而当地民居正是巧妙利用了地形特点，创造了层次丰富的建筑格局和村落景观(图8)。

3.建筑材料与艺术形式

(1)建筑材料

河北省的传统民居大多就地取材，建筑材料很有地方特色。山区民居多以石头砌筑，有红石(英谈村)和青石(大梁江、王金庄、于家村)两种。石材加工成长宽高尺寸约60cm×50cm×20cm的石料，作为墙体，起承重和维护作用。由于石材坚固耐用，房屋可以屹立数百年而不倒，这是此类古村落的房屋大都较好地保存到今天的主要原因。屋顶或楼板为木承重结构，主木梁两端直接固定于石墙中，主梁上搭次梁，次梁上搭木椽。屋顶的维护结构为薄石板，其尺寸大小不一，长度在1m左右，厚度只有几厘米，这种石板耐久性相对较差，需要定期更换(图9)。整个村落，石街石巷、石房石院、石楼石阁、石阶石栏、石桌石凳、石碾石磨、石门石窗，俨然一座天然的石头博物馆。石头民居古朴凝重，坚固美观，石料大小均匀，无论是石砖还是石板，加工都较为精良，反映了高超的石材加工工艺水平(图10)。

冀南地区的民居多为砖木结构，而冀北地区气候干燥，降雨量较少，当地居民以黄土和秸秆为原料，砌筑了别有特色的泥坯房。此类房屋多为木结构，以黄土、秸秆按一定比例混合作为维护墙体，但因耐久性较差，大都经不起常年的风吹雨蚀，破败在所难免。

(2)艺术形式

河北民居通过对当地材料的独到应用，形成了鲜明的艺术特色。冀南民居在装饰上注意突出重点，以大面积的灰砖为基底，重点装饰檐口、屋脊、门头、柱础等部位，以雕刻、彩绘为主，形式丰富，工艺考究。利用当地砖制材料制作的砖雕，精雕细刻，其内容多取材于地方民间传说和风俗传统等题材(图11)。

冀北民居朴实凝重，虽较少装饰，但仍具有自身特色。其注重对

9.邢台县英谈村民居屋顶石板
10.邯郸涉县王金庄村石巷
11a.11b.冀南民居砖雕细部

民居建筑的重要部件，如屋脊、门窗、挑檐、照壁等进行重点设计，形式多样，决不重复(图12)。多用青瓦，原石原木原色，给人朴素自然的感觉。局部辅以红色、蓝色，但只能处于从属地位，用于小面积的局部构件，多见于门楣、窗框、天花板、栏杆等，用以丰富整体色彩效果，充分体现了劳动人民的农耕智慧与几千年来积淀的历史文化传统。

4. 保护面临的困惑

(1) 民居年久失修，破损严重

很大一部分传统民居经历了数百年的沧桑岁月，建筑构件破损极为明显，加上农村经济欠发达，户主无力修缮，存在很多危房。许多院落人去楼空，人口流失现象严重，古村落丧失了原有的活力，更加重了这种衰败。

(2) 基础设施跟不上，居住环境恶劣

街道空间被随意侵占，墙上乱贴乱涂；基础设施很难与古村落百年来形成的结构配套，各种线路杂乱挂接；简易的土路遇雨时则泥泞难行；许多街道节点堆放着垃圾。这些都严重影响了古村落的形象。

(3) 风貌破坏严重

虽然河北省大部分传统民居尚保持着原有的风貌，但建筑的衰败与盲目的建设，严重地破坏了古村落的整体风貌。许多新建民居的立面饰以白色瓷砖，混杂在古村落中极不协调，新旧建筑参差不齐，使得街巷历史景观不连续；还有一些规模较大的院落，因历史原因建国以来一直由许多户分住，各户任意改造，封门堵窗或另开院门，破坏了院落原有的完整；此外，由于当地政府保护措施不当，引导不够等，很多传统民居外立面粉刷有色涂料，使得古村古堡完全失去了原有的古朴风貌，令人惋惜。

二、现代民居建设与发展

历史村落中现代民居的建设与发展，也是此次调研的重要内容。1978年后，农村经济的快速发展和乡镇企业的崛起，为村镇建设奠定了经济基础。广大农民自己动手，自筹资金，掀起了建造住宅的热潮。村镇住宅建设量占全国住宅建设总量的一半以上，每年竣工面积都在6亿m^2以上。现代民居的建设一方面代表了农民生活水平的提高，但另一方面，由于缺乏正确的引导也带来了许多问题。

1. 主要建设模式

(1) 新村模式

这种模式在冀北很普遍，村民从堡内迁出，集中兴建新村。新村内现代民居鳞次栉比，整齐排列，配备一定的基础设施，居住条件较好(图13)。这种模式的优点是旧堡整体保存较好，基本能保持原汁原味，而居民在新村内的生活条件也能得到较好的改善。其缺点在于堡内空心现象严重，活力丧失，不利于当地文化传统的延续与保护。同时，居住用地两头占地，导致土地的严重浪费。

(2) 旧村扩建模式

这种模式在山区很普遍，主要是指在旧村内部加建房屋或者沿道路或地形起伏向外部扩建。比如井陉县大梁江村，新村旧村隔路相望。这种模式的优点在于新旧整合，赋予古村落新的活力，并延续当地的肌理。但对新建民居的建设要求较高，如果在尺度、材料以及建筑构造的选择上没处理好，就会对古村落的整体风貌造成一定的破坏。

(3) 旧房翻建模式

这种模式主要是指生活水平较高的村民自发地对自己房屋进行的修缮更新。但因为缺乏适当的引导，村民保护意识薄弱，且盲目攀比与跟风，从而造成对传统民居的破坏，导致古村落的和谐度、艺术价值降低。新旧截然对立的景象让人触目惊心(图14)。

2. 现代民居建造状况

居住用地占村镇用地的比例较大，在调研的村镇中，该比例多在70%以上。现代民居的建设基本集中在20世纪80年代后，仍具有一定的地方特色。

(1) 院落布局

现代民居仍以合院式住宅为主，平原地区多为一进院，山区结合地形形成多进院。随着农民生活水平的提高，基础设施的改善，以及现代化生活用具的引进，住宅的功能也日趋多样化。大部分住宅除了拥有居住功能外，还是农业生产收成后的加工处理和储藏场所，也是农民从事副业生产的地方。

(2) 建筑形式

蔚县北方城村的新村建在旧堡外面，一排排合院式住宅整齐划

12. 井陉县大梁江村屋顶韵律
13. 阳原县开阳堡新村

14. 旧房翻建模式
15. 开阳新村拱券式住宅

一，在屋顶形式、檐口的处理及高度的控制上都与旧堡里的传统民居保持一致。在井陉县大梁江村则有着另外一幅画面，传统民居平坡相间，屋顶韵律极其丰富，而一路之隔的新村却是一味呆板的平屋顶，与旧村在建筑形式上没有对话。

现代民居的外墙装饰主要有三种：一种是大面积饰以瓷砖，多出现在较富裕地区的民居建筑中；一种是粉刷涂料，多以白色、黄色等清新明快的色调为主；还有一种是维持建筑材料的原色，体现了现代民居对当地材料的运用与民居建筑古朴风格的延续。

(3) 材料造价

河北省地界辽阔，境内冀东、冀中、冀南及平原、山区、坝上、沿海、湖泊、湿地等自然环境种类众多，当地村民就地取材，形成了别具特色的民居建筑形式。如阳原县开阳堡的新村中出现了连续的拱券式住宅，村民采用当地泥土，外部以泥坯砌筑，内部粉刷一新，辅以现代的生活设施，结构合理，造价低廉。既能满足人们对日常生活水平提高的需要，又遮荫蔽凉，符合当地气候，实为乡土建筑的典范，充分体现了劳动人民的智慧(图15)。而有些地方却盲目跟风，贴瓷砖，刷涂料，安铝合金门窗等，住宅造价年年攀升，既破坏了古村落的风貌，又造成了经济的浪费，得不偿失。

(4) 现代民居建设存在的问题

①土地浪费现象严重。由于农民建房的盲目性，导致短期建房的现象严重。建了拆，拆了建，有的还两头占地，造成了土地的严重浪费。宅基地面积过大，调研结果表明，建筑用地的面积仅占宅基地的25%～40%。院内人畜混杂，用具、农物摆放杂乱，空间使用率不高。

②住宅防灾和抗灾能力薄弱。

a. "人畜混杂"。此次调研的大部分村庄中，该现象相当普遍。家庭养殖业是农民增收的可靠来源，但"人畜混杂"也造成了卫生条件的恶劣，甚至成为禽流感等传染疾病的祸根，同时也是左邻右舍之间矛盾的诱因。

b. 消防安全问题。此次调研的村庄中，绝大部分没有消防设施，如消防栓等。村庄在公共消防设施和消防装备上的投资几乎为零，存在极大的安全隐患。

c. 防洪排涝问题。调查发现，在村庄居民点内，存在因暴雨造成的涝和渍，有因房屋选址不当而引发滑坡或塌陷的危险性。

③住宅质量明显提高，但地区差异较大，落后地区情况仍然很差。从冀北到冀南，住宅每平方米造价从300～900元不等，基本反映了当地的经济情况。

④基础设施丞待改善。

a. 供水、饮水：此次调研的村镇，80%以上的村民没有喝上自来水，即便铺设了管道，但设施老化现象严重，缺乏消毒设施。同时，在广大的冀北地区，还有村镇处于严重缺水、甚至无水的恶劣状况下。

b. 厕所：几乎所有接受调研的村庄，仍使用旱厕，而且设施简陋。

c. 取暖：被调查的村镇中，农民仍以烧煤、秸秆为主要取暖方式，无集体供热设施。部分农户自行安装了简易太阳能设施。

d. 生活垃圾：调查中发现，许多村庄没有集中的生活垃圾堆放点，村集体不负责填埋垃圾，由各户随意倾倒，严重影响了村容村貌。

三、结语

此次调研的重点是河北省历史文化村镇，它们不仅是河北省优秀历史文化的突出体现，也是"燕赵大地"建筑精髓的集中代表。但在全球化与城镇化的汹涌浪潮中，不少村镇及其建成环境受到了严重威胁，历史遗产的真实性、完整性受到了损害，民族和区域文化特色正在逐渐消失。本文从一个侧面反映了历史文化遗产所面临的问题，其解决需要得力的保护措施，正确的建设引导，也有赖政府对于历史文化村镇保护的充分重视与全社会历史文化遗产保护意识的整体提高。

*本文是"河北省历史文化村镇保护研究"课题成果之一，该课题由河北省建设厅资助。

*感谢导师张杰教授对本文的指导，以及课题组赵勇老师、王涛老师、李阿琳、李力、卢刘颖、徐碧颖等同学的大力支持与协助。

注释

1. 谢空，谷健辉. 冀南伯延镇传统民居特色及发展保护研究. 小城镇建设，2006(4).85

参考文献

[1] 孙大章. 中国民居研究. 北京：中国建筑工业出版社，2004
[2] 刘卫东等，《村镇小康住宅规划设计与居住标准研究》课题组，中日合作JICA项目《村镇集合住宅研究》课题组. 中国村镇小康住宅研究综合调查. 小城镇建设，1998(9).16～23
[3] 谢空，谷健辉. 冀南伯延镇传统民居特色及发展保护研究. 小城镇建设，2006(4).85～89

作者单位：清华大学建筑学院

历史文化名村迤沙拉村调查与研究
Survey and Preparatory Study on Historical Village Ishala

黄 靖 古红樱 *Huang Jing and Gu Hongying*

[摘要] 本文是对最大的彝族自然村——四川省攀枝花市的迤沙拉村进行探访与研究的初步成果。由于该村并不为人所熟知，所以作者希望在对迤沙拉村区位、历史背景和人文环境进行整体描述后，展示其彝汉结合的特征，尤其是其自然聚落形态的整体风貌，村庄行为模式的街巷体系和传统民居构筑的建筑风格，为今后的进一步研究奠定了良好的基础。

[关键词] 迤沙拉村、彝汉结合、整体风貌、街巷体系、建筑风格

Abstract: *This paper is a preparatory study on Ishala village, the biggest settlement of Yi Minority in Sichuan province, based on survey works conducted there. By studies on its geographical features, historical background and cultural settings, the paper introduces its Yi-Han integrated cultural characteristics, traditional road system, and traditional housing architecture, and lays foundations for future research works.*

Keywords: *Ishala village, Yi-Han integrated, general townscape, road system, architectural style*

在四川与云南交界的金沙江畔，迤沙拉村的毛氏家谱已经默默地书写了600余年，直至这个传奇彝族村落的名字出现在2005年国家级历史文化名村（镇）的名录上，才向世人揭开了神秘的面纱。它的存在，既体现了南丝绸之路中西夷道久远的驿站文化，又作为彝汉结合的亲历者，见证了汉民族秦淮风情与当地彝族民俗的相互交融。

一、迤沙拉村概况

迤沙拉村地处四川省攀枝花市仁和区坪地镇东南端，它不同于四川凉山自治州的彝族村寨，却与云南常见的许多彝族村寨相似，土坯围墙、灰瓦飞甍，以及建筑所反映出的质朴气质。现在的迤沙拉村始建于清朝康熙年间，至今已有300余年历史。在迤沙拉村畔仍在使用的108国道则是抗日战争时期西祥公路的一段，是著名的"史迪威公路"的延续。

根据现有资料统计，迤沙拉村是最大的彝族自然村落，其传统建筑集中的区域占地约1.5km^2，总建筑面积约为68000m^2，总户数518户，居住人口2136人，其中彝族占95%。集中区域户数315户，共1578人。当地居民是明朝"洪武开滇"时期彝汉结合的后代，以"里颇"彝人自居（图1~2）。

平地镇属长江水系中的金沙江水系，所处区域原本水

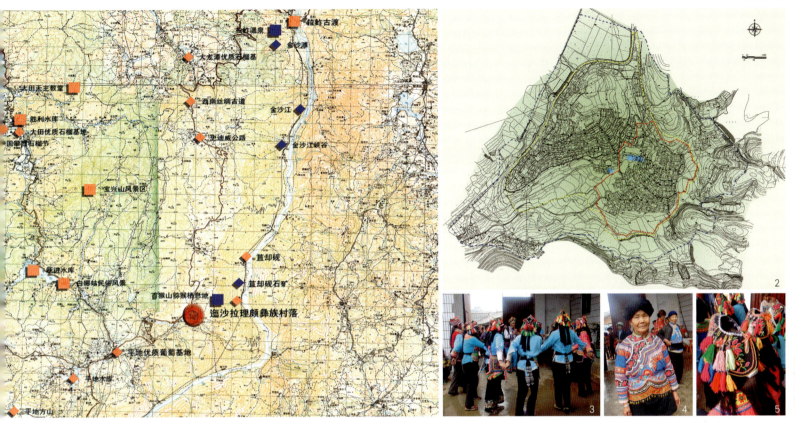

1. 迤沙拉村的位置与旅游资源
2. 迤沙拉村总平面图
3. 民族歌舞
4. 民族服饰
5. 扣花帽

资源丰富，但山区海拔落差很大，造成水资源分布极不均匀。迤沙拉村所处的台地海拔1700～1800m，四面环山，只有登上村落东南侧山峰的山顶，才可以窥见金沙江的身影。"迤沙拉"这一彝语音译的汉名，其意是指"水漏掉了"。翻山而下，到达位于金沙江畔海拔只有900多米的另一个名为"迤不苦"的村民小组，则又是另一番景象。彝语中"迤不苦"指"水又出现了"，从村名上我们便能体会到少数民族质朴的情怀。现在村内中心区域有面积约1750m²的水塘，水塘西南侧有一面积约530m²的吊井。在距迤沙拉村9km处有花桥水库，紧邻村落东北方有上村水库，东南方有老公坝。村内已经实现了自来水入户，但是由于地势高，水源不充足，村民用水仍然紧张。

迤沙拉村处于仁和区内的中海拔地区，其所处台地由西南至东北三面环山，受金沙江干热河谷热流影响，有着冬暖夏凉的怡人气候。村周边的农业用地环绕着村址，按照攀枝花市仁和区的农业生产布局，"芒果、石榴、葡萄"三大支柱型水果中的葡萄种植将作为平地镇的主导方向。迤沙拉村的千亩葡萄园已经初具规模，同时村内也保留水稻、烤烟、蔬菜和玉米等传统农作物。由于有着良好的气候条件，这里还盛产其他优质水果，石榴、梨、核桃等随处可见，随手摘下的石榴成为了农户招待亲朋好友的甜美果品。沿村路种植的仙人掌，体型壮大，不仅为迤沙拉村亮起了一道独特的风景线，所结的仙人掌果更是独特的解暑良方。

二、迤沙拉村民俗风情

迤沙拉村和大多数彝族村落一样，宗教观念中仍带有自然崇拜的色彩，也没有出现明显的阶级分化。彝族是一个能歌善舞的民族，尤其是在各种婚庆节日中，歌舞更是必不可少。我们到达村子的那天傍晚，在村书记的招呼下，村里的妇女着盛装聚集在中心水塘旁的广场上，借着路边店铺微弱的灯光和漫天的星斗，跳起了迎宾的舞蹈（图3）。

少数民族服饰总是最引人注目的靓丽风景，迤沙拉村最富有特色的是"里颇"服饰、扣花帽和绣花鞋。"里颇"妇女的基本装束是蓝褂黑头巾，其中蓝褂的领口、袖口和抹胸部分都绣有花边。围腰以青布和黑布做底，做工精细，配有银饰挂件，还有着民族服饰共同的滚边、堆边、绣花、布贴等工艺，色彩鲜艳明快，所选图案均有着美好寓意，如牡丹、石榴花、蝴蝶等（图4）。

"里颇"妇女的头饰亦极富特色，被称为"扣花帽"（图5）。整顶"扣花帽"造型严谨挺括、做工繁复、装饰精美，侧面大多是孔雀的造型。由于处在整套服饰的"领头"地位，所以"扣花帽"是表现佩戴妇女手艺的重要见证。小孩子所戴头饰的形式更为多样，或是模仿动物的兔形、猫头鹰形，或是简单的平顶配以复杂的装饰，活泼而自然。中年和老年妇女多裹头帕，前者用色较浅，为青色或蓝色，且造型较为夸张；后者则多用黑色，造型简朴些。

妇女的鞋也是盛装的一部分。虽然款式基本上都是圆口布鞋，但所绣纹样却数不胜数。喜鹊、鸳鸯、蝴蝶、牡丹，七色俱全。凡此种种，不容细说，"里颇"妇女的心灵手巧由此可见一斑。

三、迤沙拉村整体风貌

在迤沙拉村南侧的山上，有一条小路西与108国道相接，一直向东蜿蜒而下直至金沙江边。据当地百姓介绍，这是当年修成昆铁路时留下的运输通道。山路上正是观看迤沙拉村整体风貌的最佳位置。整个村子形态纵横、脉络清晰，房屋依山势层叠有序。色彩上以土坯墙的土黄色和石灰抹面的白色交错，与自然环境中的山石相融合。屋顶用青灰色板瓦和筒瓦铺砌，或有石灰沟缝，屋脊可见轻盈起翘的装饰。层层叠叠的院落房屋由错落的巷道相连，展转延绵、曲径通幽，被山间氤氲的雾气笼罩，宛如仙境（图6）。

根据地形，我们走遍了村内的主要街巷，并走访了几十户居民。根据调查掌握的材料分析可知：迤沙拉村目前包括5个村民小组，即迤沙拉、老街子、三棵树、迤不苦和下厂。最早期的居民点应该是古驿道边的"老街子"，村中的古驿站和古树就是历史的见证。清初康熙年间，一部分汉族人迁移至此，由"老街子"扩大，逐渐形成了迤沙拉旧村，即现在村落东侧的南部。这一部分的街巷都有名称，如汉族巷、村尾巷、中村巷、胡家巷、张家老房子巷等，稻田上一条宽约5m的田埂路作为村尾巷和老街子间最初的纽带沿用至今。从这一区域开始，村落慢慢向北部的山顶和东侧的山麓发展，其中的街巷体现出由于人口增加导致村落自然扩展的有机模式。而这一部分的名称，如：操场坝、地主巷、张家巷、纳家巷、村东路口等，体现了对原有名称的延续和后来的时代烙印。从村落的中心水塘向西部份，有一条横贯东西的水泥机动车道，道路两侧院落相对整齐。总地说来，村落主体的东翼部分为较早期的居民聚居区，其中院落形制各异，大小不一，朝向随意，其间道路迂回曲折，方向莫辨，妙趣横生。随着人口的增加，村落主体向西发展，在20世纪80年代形成新村，原有家族扩大后年青一辈迁居于此。由于与108国道相临，交通方便，而且宅基地的划分更是有了定例，较为齐整。两者分别反映了不同历史时期村落发展的脉络，这为我们研究不同时期的村落形态及转化提供了很好的依据（图7~9）。

6. 迤沙拉村全景
7~9. 村内街巷
10~12. 村内民居建筑

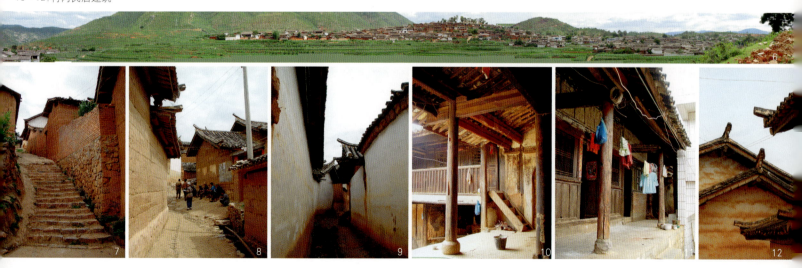

村内房屋的整体风貌保存得相当完整，只有个别房屋改为了砖房或是水泥房（图10～12）。村内主要的集会场所中心水塘边，有两座高大的房屋已贴上了白瓷砖，水塘的围岸也由石头砌筑，被改为了水泥矮墙，对村中心区域的风貌影响较大。根据调研，我们分别对村内民居的质量、风貌、用材、高度和型制进行了科学的分析统计并得出了相应结论，以下是对其质量和风貌所做的统计分析。

1. 总体建筑质量评价及分析

迤沙拉村的建筑多为两层，主要形式为穿斗木结构承重、夯土墙瓦屋面围护。建筑用材以木、土坯砖和瓦为主，土坯墙外多用石灰抹面，部分新建筑采用了砖和混凝土等材料。鉴于传统材料的特点，村内建房时多会利用旧料或是新旧料混用，所以建筑质量的分析是结合现场调研的情况和年代分析得出的结果。迤沙拉村的建筑分类如下：

优——新建建（构）筑物

所有的新建砖房和混凝土建（构）筑物。

良——一般传统民居建筑（砖木、土坯结构建筑）

院落中堂屋、厢房等主要建筑构架清晰，建筑物整体无明显不均匀沉降，承重木结构构件无明显倾斜、位移、扭转、虫腐、变质等情况，承重土坯墙无明显剥落和缺陷。

中——存在质量问题的传统民居建筑物（砖木、土坯结构建筑）

院落中堂屋、厢房等主要建筑构架清晰，建筑物整体有不均匀沉降；或承重木结构构件有倾斜、位移、扭转、虫腐、变质等情况；或承重土坯墙有剥落和缺陷。

差——一般搭建的临时性房屋、牲畜棚或存在严重质量问题的房屋

对各类建筑具体统计分析如下：

建筑质量统计表　　表1

建筑质量分析	面积（m²）	比例（%）
优	3621.82	5.33
良	35849.54	52.76
中	25863.23	38.06
差	2610.81	3.85
合计	67945.40	100

由分析可得，迤沙拉村传统建筑的质量如下：

(1) 建筑质量差异不大，这与传统建筑的用材和建造工艺有关；

(2) 新村建筑质量略好于旧村；

(3) 建筑物的质量和村子的整体肌理并没有很强的直接联系，这为化整为零的保护和修缮提供了很好的条件；

(4) 此分析是基于建筑作为民宅功能所做的，如果建（构）筑物改变功能，应相应提高标准。

2. 总体建筑风貌评价及分析

迤沙拉村的传统民居用材以木、土坯、石和瓦为主，整体色彩浓重而明快，是极富特色的乡土建筑。根据前面对建筑现状的分析，将其分为四类：

一类建筑：较完好的历史建筑。院落格局完整，院落中堂屋、厢房等主要建筑保存相对完整。

二类建筑：一般历史建筑。院落格局不完整，但可推测，院落中堂屋、厢房等主要建筑保存相对完整。

三类建筑：与历史风貌无较大冲突的一般建筑物。院落格局不完整，院落中堂屋、厢房等主要建筑保存不完整，但可推测。

四类建筑：与历史风貌有冲突的一般建筑物。院落格局不完整，院落中无保留的堂屋、厢房等主要建筑。

对各类建筑具体统计分析如下：

建筑风貌统计表　　表2

建筑风貌分析	面积（m²）	比例（%）
一类	8601.22	12.66
二类	21358.95	31.44
三类	32724.25	48.16
四类	5260.98	7.74
合计	67945.40	100

由分析可得，迤沙拉村传统建筑的风貌如下：

(1) 在保证运用当地材料和保证传统工艺的前提下，建筑风貌的差异不大。这为对其进行保护和发展利用提供了良好的基础。

(2) 旧村的建筑风貌好于新村，但在院落格局和建筑单体上并没有很大差异。

(3) 此分析是基于建筑作为民宅功能所做的，如果建（构）筑物改变功能，院落的封闭性和建筑物的尺度必然会有所改变，应对改变的比例有适度的考虑。

四、迤沙拉村建筑现状

根据彝族的民俗，房屋的坐落和朝向都非常讲究，可说家家有别，户户不同，但从整个村落的形态中仍可找到一些共同之处。迤沙拉村的住宅以院落式民居为主，整体聚落形态沿山体呈放射状分布，院落沿等高线方向设置。房屋四向都有，最喜向东（图13~14）。

如前所述，迤沙拉村是彝汉文化相融的结晶，这里所指的汉文化，其源头是指明朝时期先进的秦淮文化。例如在正房后檐墙墙角处立一松枝，挂以红绳，名曰"小土主"，据称是为了表示对源自江南的祖先的怀念，却又同时体现了彝族人的松树崇拜。在正房明间正中设一精美装饰的几案，上奉"天地君亲师"，下供"土地菩萨"，由此可见迤沙拉村的汉文化情结。这种少数民族的自然崇拜和汉文化的宗教鬼神观念相结合所体现的事例在村中随处可见，如路边的指路牌、村南山头兀立的土主庙，还有各家族内的辈份观念，都为其独特的文化魅力增色不少。

迤沙拉村在历史上并没有形成明显的阶级分化，所以院落大小和形式相近，只有一个巷名"地主巷"能感受到贫富的差异。山地村落又受地形限制，完整的合院并不多见，院落外围形状亦不规则。其中有单列一排的，也有一正两厢组成的小院，且大多设有下面房。房屋主要为夯土墙瓦屋，结构形式多为穿斗木构架，受力合理。各房除朝向院内的檐墙为木构外，沿街檐墙及两侧山墙均为约500cm厚的夯土墙围护，冬暖夏凉，居住舒适。院外设围墙，厕所多设于院外。建筑特色表现为屋脊和檐口有明显的起翘飞檐，夯土墙局部抹有白灰，木构件多为原色。檐口瓦当图案为彝族特有的太阳纹饰。在整体浓重色彩的衬托下，细部处理更显轻盈，其中的雕刻绘画亦相得益彰。在选材得当、构造合理的条件下，房屋寿命可逾200年。

院内各房屋功能及形式相近。例如：正房通常为一列三间式住

13.14.庭院风情
15.百年老宅建筑测绘图

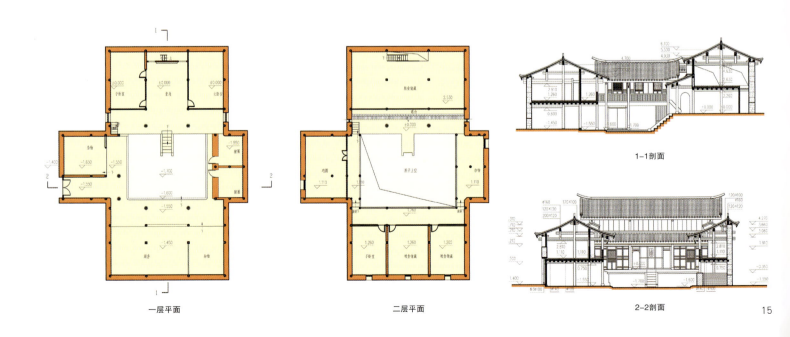

一层平面　　二层平面　　1-1剖面　　2-2剖面

16~18. 迤沙拉村民乐队

房,底部带檐廊。檐廊宽约2m,是妇女做家务和接待客人之处。正房只有正中一间开门,设门不设窗,门正对为木板壁隔断,板壁后有通往二层的楼梯。通往两次间的房门窄而矮,独扇而向内开,次间为卧室。二层通常用于储物。正屋门两侧有菱形或格子木窗,窗枋和壁上绘以花鸟彩绘。厢房其中一间可住人或堆放粮食,另一间下部圈养牲畜,上部则用于堆放杂物及农业器具。

在此地众多的传统建筑中,有一处被誉为"百年老宅"的民居,位处地主巷北侧,现由村民游凤荣居住。整个院落格局完整而清晰,型制有序而严谨,很好地体现了彝族崇尚自然的传统和汉族江南文化的细腻,是村内保留历史信息最多的院落之一,为此笔者对其进行了重点测绘。院落始建于康熙年间,现存建筑约建于清末,为两厢一正的四合式庭院。正房台基正立面用草泥塑出了藤草纹样作装饰,不求对称,风格自然清新。檐下的吊瓜与通常的垂花柱不同,为抽象的几何形体堆叠,颇合少数民族粗犷而不拘小节的个性(图15)。

五、迤沙拉村——民族文化的瑰宝

音乐从来都是各种民族文化的综合体现,最后让我们走进里颇彝族的音乐。从村中心往北步行约100m,可以到达村委会所在的小广场。从广场一端舞台上村委会的砖房里,不时传出一阵阵特别的音乐。这是迤沙拉村新成立的村民乐队,已经发掘整理了十余支曲子。乐器中有扬琴、琵琶、三弦琴、古筝、笛子等。这些汉族乐器所奏响的彝族曲调,被攀枝花市政协副主席王文君老师在其《平地迤沙拉民族历史文化研究》一书中命名为"里颇丝竹",因为这显然不属于类同丽江纳西古乐中的少数民族流派,而是属于在本土民间音乐中融入驿站文化所带来的江南丝竹的体现,恰当的名称更好地表现出了其彝汉结合的文化特色(图16~18)。

迤沙拉村的调研已经告一段落了,每每想起,目之所见、耳之所闻仍是当地各色生动有趣的民俗风情。那浑厚的土坯墙与四周的山色已融为一体,成为了一块既根植于土地又融入了多元文化的瑰宝,源远流长。

参考文献

[1] 中共四川省攀枝花市仁和区委民族工作委员会,四川省攀枝花市仁和区民族事务委员会. 仁和区少数民族志. 第一版, 1998/10

[2] 王文君. 平地迤沙拉历史文化研究, 2004/5

[3] 昆明传智旅游规划设计有限公司. 迤沙拉旅游项目建设可行性研究(送审件), 2005/6

[4] 平地镇2003年农业生产任务计划表

作者单位:北京清华安地建筑设计顾问有限责任公司

宽窄巷子：从深度设计走向重生
——对宽窄巷子设计理念的文化解读

From In-depth Design to Rebirth
A cultural interpretation to the design concepts of China Lane

张 力 Zhang Li

[摘要]文章以成都宽窄巷子历史街区更新为例，介绍了业主及策划者对其改造工程设计理念的定位及核心价值所作的耐心细致的挖掘和深思考量的眼光。意在阐明历史文化街区的当代重塑，应从定位入手，寻求其核心价值，并把这种价值外在化为街区的文化、景观和商业空间，从深度设计走向重生，在保留建筑遗存和生活方式的同时，继承性地创造新的文化与场所精神。

[关键词]宽窄巷子、历史街区更新、深度设计、重生

Abstract: Taking the urban regeneration work at China Lane in Chengdu as an example, the paper introduces the joint work flow by clients and designers on defining the design concepts and core values. It argues that regeneration works shall be premised on grasp the core concepts and values, and be concretized in the design of district, landscape and commercial spaces. By this way, in-depth design can lead to rebirth, new culture and genius luci can be created, while the traditional architectural values and lifestyles can be preserved.

Keywords: China Lane, historical district regeneration, in-depth design, rebirth

宽窄巷子位于成都市中心，是由3条平行的巷子和四合院落群组成。与大慈寺、文殊院、水井坊一起并称为成都四大历史文化名城保护街区。规划控制面积479亩，核心区108亩，是老成都百年原真宅院的最后遗存。

成都自秦张仪筑城，历代都是城郭以内兼有大城、少城城垣的"重城"。明代以后，形成了"三城相重"（含皇城）的格局。有清一代，少城之上又建满城。宽窄巷子则是满城33条兵丁胡同中的两条，是当时八旗军将领的居住地。民国时期，宽窄巷子是西南军政要员和社会名流的聚居区。今天，其已成为成都市中心硕果仅存的历史遗存，更是成都人心目中的集体家园。所以，在这里盘桓着的，不仅是普通的成都市民，更有寻根的文化人，和搜寻老成都气息的异乡人。

然而，在城市化的浪潮中，宽窄巷子将何去何从？就成为了一个现实的命题。

2003年，成都市正式启动了宽窄巷子历史文化片区的主体改造工程。该区域将在保护老成都原真建筑的基础上，形成以旅游、休闲为主，具有鲜明地域特色的主题历史文化街区。

2008年6月14日，宽窄巷子正式开街。

一、一个引向："宽窄巷子最成都"

1.改造修复前的宽窄巷子——院落屋顶
2.改造修复前的宽窄巷子——大杂院生活
3.改造修复前的宽窄巷子——残破的小洋楼

历史街区更新，是城市在发展中必须面临的一个问题。宽窄巷子的特殊之处在于：精神价值大于实体价值。在某种意义上来说，它已经成为成都人开启自己记忆之门的一个心灵密码。

同属历史街区，如何定义宽窄巷子，如何使其与大慈寺、文殊院等形成差异，在城市更新中承继传统，而又和现实生活紧密相连，在使用中保护，在保护中继承，是宽窄巷子历史街区更新的一个重要前提。四川二十一世纪文化传播公司作为这个项目的总策划和营销总控，与业主成都文化旅游发展集团有限责任公司进行了深入的探讨，希望为宽窄巷子寻找一种独特的定位，并通过此打破历史街区保护更新的一般模式：从定位入手，确定核心价值，建立独特的文化、商业空间，在保留旧的场所精神的前提下，催生新的场所精神。

几番筛选，"宽窄巷子最成都"这句话，被放到了桌面上。其价值在于：它拥有了所有对于成都的解释权，屏蔽了宽窄巷子以外的老成都想象和表达。它也成为了宽窄巷子改造、重塑的设计理念定位——将城市记忆、文化片段、生活场景、商业空间有机地融合在一起，营造出一个连接过去、面向未来的历史街区。

"宽窄巷子最成都"意味着一个重塑方向的基本理解：把宽窄巷子打造成成都古老市井生活的灵魂。"展示最典型的老成都生活，恢复最完整的老成都记忆"[1]；"宽窄巷子是成都市井生活的原始标本，凸现出原汁原味的'川西浮世绘'"；"宽窄巷子还原了一种成都人特有的人生，展示了一种成都人特有的生活样态"。简言之，重塑的基本方向是：一个怀旧的、古老市井生活的灵魂街区，一个活生生展现在眼前的传统生活空间。它不仅是一种焕发出当代生命力的往日时光中的旧生活，还要能鲜明地展现成都往日市井生活的动人和明丽。

显然，这种设计理念的定位是有风险的，因为从表面上看，近似定位的街区似乎很多，而且成都此前已经出现的锦里、文殊坊也都与此主题相关。自2000年前后起，作为对现代城市建筑之千城一面的历史逆动，在国内各大城市，大批的仿古街区应运而生。比如在成都、杭州乃至重庆这样的大都市里，各种各样传统文化街区的保护与再造似乎都在着力再现一种传统市井生活的景观。在这种背景下，宽窄巷子的再造与重塑的基本指向究竟如何定位，实乃一大难题。定位于"最成都"——老成都经典的市井生活，是不是与那些风行一时的仿古街区过于雷同或者相似了？

可是如果冷静分析，我们会看到，"宽窄巷子最成都"的基本定位其实是有坚实依据的。成都虽然确有各色仿古街区，但没有一个街区能真正作为成都传统市井生活

4~6. 宽窄巷子最成都

的灵魂。"最成都"生活的灵魂依然隐伏在历史记忆的深处，保留在那些发黄的照片和文字记载中：锦里是全仿古街区，要作"最成都"历史依据不足；文殊坊在历史格局中是以佛教信事活动为核心的街区，它在历史上承继的文化灵魂已经无法复原。唯有宽窄巷子，不管是所处区位（市中心的满城旧址）、传统生活街区的格局和历史真迹的遗留，还是全社会对它的文化记忆，都牢牢指向一个中心：老成都经典的市井生活。

二、一种城市精神：老成都的慢生活

不过，设计理念的方向定位并不等于已经找到了一种生活样态的核心精神。

由于"最典型的老成都生活"实际上体现于各式各样的生活景观中，我们必须找到那贯穿于几乎所有生活景象中的核心精神。或者说，我们必须找到或提取出那所有生活景观中最动人的灵魂。

"典型的老成都生活"最动人的东西是什么？

咖啡馆落地玻璃窗后，茶院飘浮的空间里，一段悠闲从容的下午时光就此开始。独自静坐或约三五知己，清茶或咖啡，在这里虚幻地轻掷。长满青苔的水缸，高大的桉树，古老的拴马石，神态安详的老人，街巷、院落、绿荫、门楼、懒猫……都笼罩在缓慢的氛围之中。

夜色和烟雨一起覆盖了宽窄巷子。这样古典的巷子是最适合浸润在细雨中的。朦胧的烟雨渲染出宽窄巷子缥缈虚幻的意境。半敞的院门，昏暗的光线，交织着光与影，柔软的灯光里映照出一些模糊的影子，荡漾着古旧的神秘空灵。这时候四周总是散发着一种怀旧的气息，一种追忆逝水年华的惆怅与伤感，时间把一些流逝的东西慢慢定格成永恒……[2]

这是一位成都人眼中的宽窄巷子。从她视线里看到的东西，正是当初业主——成都文旅和作为策划者的我们冥思苦想，希望得以保留在宽窄巷子里的东西——时间，即老成都生活里所特有的慢。这种慢体现在成都男人悠闲的步态中、成都女人的曼声细语中、川西院落的低调隐伏中，以及宽窄巷子建筑格局的小巧精致中——当然，这种慢更体现于成都人对当下生活慢条斯理的品味，体现于遍布大街小巷的麻将、茶馆和对新耍法、新口味赶潮般倾巢出动的追逐。所以，成都文化旅游发展集团有限责任公司董事长尹建华敏锐地指出："慢是老成都生活的本质。"[3]

重要的是，成都的慢是生而与俱、从传统中慢慢生长出来的。作为一种生活姿态或者说生活理念，它不是因为对某种危机的警觉而刻意为之的那种慢，而是内在于历史的亲切、牵心和浑然天成……同时，成都的慢也并不是山里人的慢生活，它是一种高度市井化的大都市城市精神。这种精神是成都所独有的，是现代城市史上罕见甚至绝无仅有的。

这就是"最成都"作为一种生活方式的深度精神，宽窄巷子则是一个提供并实践成都慢生活的场所。这种慢生活，恰恰是历史街区最吸引人的禀赋所在，宽窄巷子轻易地用"最成都"绘出了历史街区的魅力图景。

所以，我们把这种慢的精神诠释为三个方向："逍遥"、"安逸"、"优游"[4]。每一个方向都令人向往，每一个方向都表现为一种珍惜当下、沉溺当下的独特的生活状态中的价值时间。

于是，宽巷子闲生活、窄巷子慢生活、井巷子新生活，用生活方式提示历史街区的价值脉络，成为了宽窄巷子的独特引力。

三、一条思路：从深度设计走向重生

至此，宽窄巷子打造与重塑的基本思路已经显出了它的轮廓：从深度设计走向重生。

重生是几乎每一个传统文化景观的保护与再造都孜孜以求的。其意味着不仅是保护，而是要在保护的同时让它变成一个城市活力的新的激发点和人气聚集空间，也意味着景观节点同时实现生命力和城市活力的负荷与承载。

这样的目标其实是对设计水平高难度的要求和考量。

7. 周末的宽窄巷子
8. 窄巷子·小院绿意
9. 缓慢的下午

宽窄巷子的做法是通过对"宽窄巷子"——"老成都"——"成都传统城市精神"的深度挖掘、设计来实现重生。这样做的依据是：

1. 通过"最成都"、成都传统城市精神的标本式表达，使它在成都的人文风物中具有唯一性，并由此而赢得巨大的号召力；

2. 通过城市慢生活的市井性鲜明呈现，极大地彰显成都城市个性，从而实现世界范围内的差异化人气聚集和广泛的旅游、消费动员；

3. 通过大都市传统慢生活的动人景观，为深受现代化危机的煎熬、分裂之苦的现代都市人提供一片飞地、一个黄金岛，一个身体放松、灵魂休憩的现代城市空间。

当然，这是一个异质性的城市空间、一个草根性的心灵休憩地。实施得好，它应该负载起当代都市人的另一种梦想——不是在山野乡村，而是在都邑市井，同样可以找到一种远离城市病的慢生活。

人是生活在速度之中的。当以某个目标为参照而奔忙的时候，生活就有了快和慢。因此快着眼于未来，意味着时间成为手段。但是慢意味着一种滞留，一种态度——不为未来而匆匆打发当下。与快不同，慢的立足点是现在，是当下，是细心品味当下生活的每一个瞬间。所以我们说，快提供了激情的加速度，慢提供了生活的诗意速度。子在川上曰：逝者如斯夫！快速的东西来不及品味，来不及咀嚼，它就转瞬即逝，反而是慢，让我们柔肠百转。……我们在被时间追逐的同时，应该让时间也偶尔地停滞下来。因此作为一种生活态度和价值立场，慢为现代性危机开出了良方。[5]

这就是宽窄巷子的慢生活联通现代消费需求的差异化逻辑。

历史文化街区的当代重塑，是文化设计业界和学术界、理论界共同面对的难题。简言之，泛泛的文化设计并不难，但如果要做深度的文化设计，就必须要有耐心细致的挖掘和深思考量的眼光。如果要在保护文化的同时让它焕发出当代生命力，那么，从深度设计走向重生，从定位入手，寻找历史文化街区的核心价值，并把这种价值外化在街区的文化、景观、商业空间里面，在尽可能地保留建筑遗存和生活方式的同时，继承性地创造新的文化与场所精神就应该是一条可以广泛借鉴参考的路。

今天，宽窄巷子的重塑无疑是成功的。自开街以来，社会各界好评如潮，一直保持着很高的人气。据统计，从2008年6月开街至今，宽窄巷子的人流量达到了1100万人次，日常人流量保持在2万人次以上，日均最高峰达到15万人次，真正做到了叫好又叫座。

我们谨希望，这样的设计思路能使宽窄巷子经受住历史的长时间考验。

注释

1. 四川二十一世纪文化传播有限责任公司．宽窄巷子文化策划，以下注释凡未标明出处的都引自该文案

2. 苏笛．黄昏中的宽窄巷子．QQ：1067055905

3.5. 尹建华．成都——一个需要慢慢品味的城市．读城：守望家园 宽窄巷子最成都，2008(6)

4. 四川二十一世纪文化传播有限责任公司．宽窄巷子文化说明

作者单位：四川二十一世纪文化传播有限责任公司

成都宽窄巷子历史文化保护区保护工程实践经验
Experiences from the Preservation Works at China Lane in Chengdu

黄 靖 Huang Jing

[摘要]经过近6年的工程实践，成都宽窄巷子历史文化保护区在消防设计、木结构传统工艺、木结构的承重抗震设计、传统建筑的保温节能设计、保留建筑的加固维护与材料再利用等方面，都做出了一定的努力与创新。本文在对其进行调查研究、精心设计、科学建设的基础上，梳理出整体保护和重点保护的理念，总结了保护工程的实践经验，为今后同类型历史街区的保护实践提供了有益的借鉴。

[关键词]成都、宽窄巷子、历史文化保护区、实践经验

Abstract: Based on the survey, design and construction works at China Lane Historical District in Chengdu, the article generalized the conceptions of overall protection and protection of key elements. With 6 years of practice, the works at China Lane has made efforts and achieved innovations in fireproof design, traditional wooden structure crafts, load-bearing and seismic wooden structure design, structural reinforcement of protected buildings, and reutilization of materials. The experiences and knowledge accumulated could benefit future works in other historical districts.

Keywords: Chengdu, China Lane, protected historical district

2008年6月14日是第三个"中国文化遗产日"，也是成都宽窄巷子历史文化保护区修复重建后正式对公众开放的日子。截止到2009年春节，其共接待了百万访客，举办了十多次大型的城市活动，保护工程取得了全方位的成功。对于设计者而言，适时地总结经验，可以为今后的保护研究工作提供有益的借鉴。

一、历史研究与价值分析

成都是我国首批24个历史文化名城之一，是西南地区的政治、文化、经济、旅游的中心城市，有着"第四城"的美誉。"宽窄巷子历史文化保护区"是成都市四片历史文化保护区（文殊院历史文化保护区、大慈寺历史文化保护区、宽窄巷子历史文化保护区、水井坊历史文化保护区）中最具代表性的一处，位于市中心天府广场西侧约1000m，地理位置优越。保护区北、南、东、西分别以泡桐树街、金河路、长顺上街及下同仁路西50~100m为界，总控制面积约为319342m²（约合479.02亩）。其中核心保护区约占66590m²（约合99.89亩），包含宽巷子、窄巷子、井巷子三条传统街巷（图1~2）。

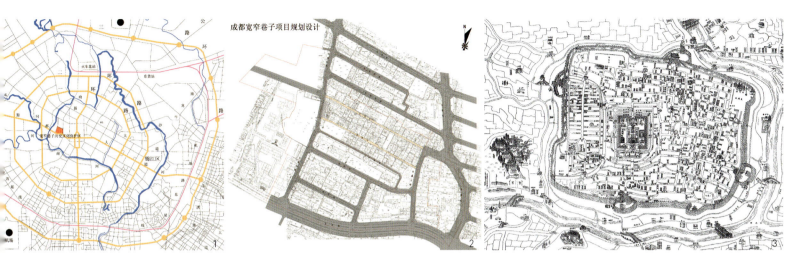

1. 成都历史文化保护区位置图
2. 宽窄巷子历史文化保护区现状总平面图
3. 清光绪年成都城区地图

1. 历史沿革

成都自公元前311年筑城，历经2300余年，城名未改、城址未变，在中国几千年的城建史中极为罕见。1646年，成都全城毁于战火，现存建筑基本为清代陆续修建的，城市格局依然保持千年传统，概括起来就是"两江环抱、三城相重"。"两江"指环绕成都的郫江与锦江，又称府河与南河；"三城"则指大城、少城（清代为满城）、皇城。宽窄巷子就是满城的代表街巷。

清康熙五十七年（1718年），清政府出于军事要求，调集荆州驻防八旗官兵入川，并于康熙六十年（1721年）留驻成都，在原少城位置修筑满城，实行"旗汉分治"。

成都满城位于大城内，西侧利用大城西垣，东侧为皇城萧墙墙址，城内街巷布置成鱼骨形，形制与清北京内城相似。清末傅崇炬《成都通览》中描述其"以形式观之有如蜈蚣形状，将军衙门居蜈蚣之头，大街一条直达北门如蜈蚣之身，各胡同左右排列如蜈蚣之足。城内物景清幽，花木甚多，空气清洁，街道通旷，鸠声树影，令人神畅"（图3）。

辛亥革命后，满汉界限消除，成都原有的官兵住宅逐渐被公馆与私宅替换，民国时期达到了建设高潮。解放后大量人口迁入，民居院落渐渐变为杂院，拆改搭建破坏了传统建筑的风貌。到了20世纪90年代，满城绝大部分只剩下道路格局，宽窄巷子是仅存的保留着传统院落和民居建筑的街巷。

2. 价值分析

经过研究得出，宽窄巷子历史文化保护区的价值在于它是见证成都二千三百年来城市建设发展与演变的代表。

宽窄巷子的历史文化背景造就了它规划与建筑的独特风格：完整的城池格局与兵营结合；北方胡同与四川庭院结合；民国时期的西洋建筑与川西民居结合；营房、住宅与商业结合。这些特征加上宽窄巷子本身的建筑艺术特色与历史文化信息，使之越发成为稀缺的艺术珍品。

宽窄巷子还是成都休闲市井生活的最佳体现。从清朝满城时期的八旗子弟提笼架鸟、莳花弄草；到民国时期达官贵人觥筹交错、大宴宾朋；再到现如今文人游客一杯清茶、一把竹椅品味生活。宽窄巷子无论在哪一时期都是成都生活的写照之一。

除此之外，宽窄巷子地处城市中心区，在成都市总体战略布局、历史文化名城展示体系与历史文化遗产保护体系中都占有重要地位。

二、实践经验总结

成都宽窄巷子历史文化保护区核心区总计约73个院落和单位，原有建筑面积约61300m²，944户居民。片区内大部分保留着传统院落式民居建筑，尤其是街巷风貌基本维持清末民初的风格特征。经现场调查与测绘，传统院落式民居建筑48处，占地约32713m²，占核心区的49.13%；新建建筑25处，占地约22317m²，占核心区的33.51%；有保护价值的院落约为42处，占地面积约为25918m²，占核心区的38.92%，占传统院落建筑的79.22%。

经过维护、修缮与建设，核心区不仅保留了44处院落，而且总建筑面积并未增加，历史文化保护区的尺度、体量、空间、风貌都得以保存(图4)。总结多年保护工程的实践体会，有以下几个方面：

1. 全过程参与设计

宽窄巷子历史文化保护区保护工程至今已经6年，除最初的保护规划外，我们参与了全部的设计工作，包括现场调查研究、传统院落测绘、修建性详细规划、实施规划、招商阶段建筑方案、样板院落区建筑方案、核心保护区建筑方案设计、传统院落区施工图设计、新建建筑初步设计、东广场与农贸市场改造方案和施工图设计、景观方案设计、井巷子片区建筑方案修改、景观施工图设计、商业规划配合、室内装修配合、后续完善深化设计等等。

全过程参与设计在目前国内众多同类项目中并不多见，保护—实施—建设—经营由设计单位的衔接连成一体，贯彻始终，避免了一般类似项目在中间环节的沟通不畅，及可能导致的保护不力、建筑不精或经营不善。

全过程参与设计类似国际上的责任建筑师制度，建筑师除了要负责前期研究、规划、建筑、施工之外，还要负责把控未来的建设活动，以保证历史街区可持续发展。

2. 坚持保护理念与明确保护重点

以往针对历史街区保护存在一种误区，即仅注重风貌保护，而忽视历史街区的生存环境与各项历史信息，致使保护工作流于仿古的形式，割裂了历史延续的脉络。宽窄巷子历史文化保护区是由街巷、庭院、建筑、装饰构件、园林绿化与其他历史要素组成的整体，必须完整地将历史信息保护并展示出来。不能简单地进行风貌保护，而要采取"街巷——院落——建筑——装饰"四位一体的全面保护。

在此基础上，工程更加注重对区域原真性的保护：完整保留宽巷子、窄巷子、井巷子3条传统街巷及其风貌特征；保留80%的包含有历史信息的传统院落，使整个街区依然维持清末民初时期的院落形态；依据详尽的建筑测绘，将院落中的传统木结构民居建筑完整地落架重修，使用传统的建筑材料、建筑样式与施工工艺，确保原真性的建筑风貌；对需要简单维修加固的建、构筑物如围墙(包括老夯土墙、砖墙)、门头(中式的龙门、门楼与带有西洋风格的砖门楼)，采取隐蔽性维修加固，或是替换部分毁坏部件，对需特殊保护的土墙采用化学加固与建筑围护等措施保护；街区中具有历史文化特征的遗存物和装饰物，如古井、碑刻、门墩、拴马石、古树等，原地原物保存。

宽窄巷子在近300年的历史演变中，具有极强的多样性与包容性特征。最初是满城与大城、少城的融合，北方胡同与四川民居的结合；辛亥革命后拆除满城城墙，汉人进入满城，开始购买旗人院落修建房屋；而民国时期受西方建筑影响，建筑风格带有明显的西洋特征。五六十年代的建筑材料普通、工艺简单，七八十年代的方盒子住宅样式单一，90年代的一些仿古建筑则种类繁多形式多样，各种各样的建筑包容在完整的街巷与院落中，相得益彰。清朝居住在满城街巷的只

有满蒙八旗；民国时期既有旗人后裔，也有达官贵人，当然更多的是平民百姓；到解放后，迁入大量的居民，文革时期又迁入一批居民，宽窄巷子中几乎没有了原住者；到了经济飞速发展的今天，自由的房产买卖更加快了宽窄巷子居民的更迭变化。此外，原本街巷中都是住宅，随着生活需求的多元发展，破墙开店、变宅为商，办公、工厂、旅馆、饭馆、商铺、茶馆，各种业态相继出现。保护宽窄巷子的这种多样性特征，某种意义上是对整体性与原真性保护的重要补充。其策略不是将历史街区恢复于某一历史时期，而是清晰地反映出各个历史时段的印记与特征。

3. 设计过程中的可持续性

可持续性策略应遵循"循序渐进、有机更新、居民参与、动态保护"的原则(图5~8)。

成都宽窄巷子保护工程的实施虽然以动迁居民为主，但是并没有采取简单粗暴的拆迁模式，其不仅对搬迁居民给予了优惠条件，还逐渐增加了多种居民参与的形式。944户居民最终有110户留在了宽窄巷子，这其中有商人、政府公务人员、学者教授、艺术家、满族后裔等，最多的还是普通居民。他们有的加入到合作建设、自我修缮的行列，也有的采用回迁的方式。而心甘情愿离开的人不仅彻底改善了居住条件，有的还得到了较丰厚的补偿。这些都使得宽窄巷子保持了原有的生命活力。

在建设实施的过程中，建设方采用"条件成熟一个院落，实施一个院落"的方法，循序渐进，小规模地进行修缮与建设，所以5年来宽窄巷子依然生机勃勃，为最终开街积攒了大量的人气。动态的实施过程，也保证了宽窄巷子的多元化特征，每个院子的形态都不尽相同，没有统一建设带来的整齐划一的生硬感觉。

可持续性保护更重要的一点就是我们要把保护工作更长久地坚持下去，历史街区、历史建筑需要我们始终如一的重视与关爱，建立长效机制，保护与使用相结合，使之焕发更长久的生命力。

4. 尊重传统的设计

在设计方案阶段我们就明确了设计目标，即不做假古董，要做真文章。一方面研究四川民居的特征、类型、结构、样式，另一方面学习传统木结构的施工工艺。在此基础上，虚心向当地传统工匠学习，在样板院落施工时与工匠共同研究木结构的构造做法，将设计理论与实际相结合，取得了很好的效果。

5. 实施过程中的技术经验

在历史文化保护区实施规划、修建性设计、建筑设计中会遇到许多不同于一般工程设计的问题，往往不能在现行规范中寻找答案，也很难在相似工程中借鉴经验(每个历史街区都有不同的历史沿革、地形地貌、建筑形式、风貌特质、人文精神等)，所以必须根据自身的特点结合当地的规划建设管理要求，探寻适宜的解决途径与技术手段。

(1) 消防设计

由于宽窄巷子历史文化保护区街巷狭窄、建筑连片，主要街巷最窄处不足4m，是街区内传统建筑大部分是始建于清末民初至解放前后的普通民居，结构方式多为木结构和砖木结构。在设计中如何解决历史街区消防与木结构防火便成为了首要难题。

宽窄巷子空间形态之精髓就是街巷空间与院落格局，在规划设计中为了保持其历史风貌，我们将66590m²占地的历史街区划分为14个

4. 宽窄巷子核心保护区总体模型
5~8. 修复后的宽窄巷子

消防分区，每个分区组成的院落不等，其间用原有街巷或新辟窄巷分隔，一旦失火，这些通道可以起到阻挡火势、疏散人群的目的，并且将灾害控制在单一的分区内不致扩散（图17）。在消防分区的基础上，又制定了更加细化的具体措施：加强相邻防火分区的防火墙设置，加强街巷和消防分隔处的消火栓设施；建筑材料尤其是木结构材料均要达到相应的耐火要求；木结构建筑物中的电路管线须符合建筑规范要求；室内如有厨房，在装修设计时必须符合防火的要求；所有建筑物均设火灾报警系统；院落内部消火栓，保证内部建筑均有两股水柱到达，木结构建筑内设干粉灭火器，新建建筑均设自动喷淋设施；由建设单位出资购买小型消防车，组建历史街区专门消防队，并在今后使用中加强消防培训与管理。虽然依据2005年颁布的《历史文化名城保护规划规范》中的有关规定，在实施过程中可以对历史街区的消防设计降低防火等级和标准，但是我们还是严格要求，采取切实有效的技术手段确保历史街区的消防安全。

（2）木结构的承重与抗震

川西民居木结构建筑的特点是取材随意、构造简单、施工方便。四川民居属于穿斗式建筑，"穿"是梁柱连接的形式，"斗"实际就是"逗"，指简单随意的连接。所以四川民居就是一种简单实用的建筑形式，刘致平先生在《四川民居》中对此有详细的介绍。在宽窄巷子历史文化保护区中的木结构建筑调查中，这几个特征也表现得十分显著：木料尺寸不一致，同一建筑中柱径大小不同、檩条粗细不齐、栏板尺寸不一、穿枋位置各异。这与建造时期的经济状况、施工水平、房主的要求有关。宽窄巷子的木结构建筑大多是清末民初开始陆续建设的，这一时期正是中国的战乱年代，房屋易主十分频繁，所以建造时考虑的是经济性而不是结实美观，造成了宽窄巷子民居普遍质量不高。

历史建筑的保护与维修设计在保持原有建筑形式与风貌的前提下，必须保证建筑物的安全与舒适，符合现代人的生活标准。然而在结构设计中，现行规范并没有对传统木结构建筑设计提出准确的要求，《木结构设计规范》、《木结构工程质量验收规范》、《古建筑修建工程质量检验评定标准》、《古建筑木结构维护与加固技术规范》中很难找到适用于传统木结构建筑中结构、抗震设计要求的条文。经过走访专家、仔细研究探讨，在落架重修的历史建筑设计中，我们对所有承重木结构构件进行了结构计算，统一了柱距、柱径、檩径、穿枋尺寸、连接方式等，确保建筑物符合承重与抗震要求。在2008年5月12日四川汶川特大地震中，宽窄巷子的建筑全部经受住了千

9.10. 原有木结构的加固与利用
11.12. 装饰构件的原样使用

年一遇的大震检验，没有一处出现倾斜或破损。

(3) 传统建筑的保温与节能设计

川西民居具有结构轻巧、材料简单、施工便捷的特点，以穿斗木、竹篾墙、冷摊瓦的形象为世人熟悉，所以大多数仅能够起到"遮风挡雨、避日通风"的作用，舒适性与现代建筑有很大差距。2004年起，西南地区开始执行建筑节能规范。而历史建筑则要在保证其建筑特性与风貌，如空间尺度、建筑形式、材料特征、艺术造型的基础上尽可能地改善提高保温节能措施。

在宽窄巷子历史文化保护区具体的木结构建筑设计中，屋面采用双层冷摊瓦，中间夹有木望板、防水卷材、隔气层，可有效防止太阳辐射；山墙面用砖墙或双层竹篾抹灰，中间填充保温材料；正面木板壁背后加保温材料，花格门窗框料加厚并用保温玻璃；材料交接缝隙均用有效封堵；重要房间设置空调设施。经计算，如此基本可满足节能规范的要求。

(4) 保留建筑物的维护、加固与再利用

宽窄巷子历史文化保护区所蕴含的历史信息十分丰富，在保护工程中更加有效地保护这些建筑要素，使之完整体现几百年来的城市脉络，也是我们全面贯彻原真性保护策略的具体实施保证。

墩接、替换、大料小用等技术措施，是一般承重木结构常用的施工手段。宽窄巷子由于选料简单，年久失修，建筑质量普遍较差，可以继续使用的承重构件较少。落架后经技术检测，能够使用的经剔槽、去腐、加筋等处理后编号，根据设计要求尽可能回用；大部分木料糟朽严重，经处理改为小料用于非承重部位。技术处理时还要注意增加防火和防白蚁措施，这些在原有建筑材料中是没有的（图9~10）。

精美的木装饰构件是宽窄巷子独特的风景，撑栱、云墩、吊挂、弯门（雀替）、门簪、门扇、窗格等等，反映出地方工匠的精湛技艺。这些装饰构件基本可以重新使用，特别是一些具有代表性的，已经成为了宽窄巷子的标志特征。施工时大部分经处理后用于原部位（图11~12）。

宽巷子、窄巷子中的门头大多数保持原状，仅需进行加固，保证了街巷的原真性，这也是整体风貌效果的重要组成部分。作为门头重要支撑的青砖墙体，则在背后衬砌一道砖墙，用螺栓与旧砖墙相拉接，在街面一侧仅露出整齐的螺栓端头，不影响整体传统风貌效果。

庭院内建筑物的砖墙采用拆下回砌的方法，挑选砖面棱角分明、强度符合要求的继续使用，不足的补以新砖，新砖规格较大的则需手工磨至统一尺寸。原有砖柱样式较为特殊，需保留加固，倾斜或强度不足的可用钢片在外侧箍紧（图13~14）。柱头灰塑装饰仍用原物。

分隔院落的夯土墙极有可能是清代遗存，施工时尽可能地保留，并做化学加固，使土质固化，同时用玻璃和钢结构加以围护，避免雨水继续侵蚀（图15）。

在施工过程中发现部分建筑中有大尺度的砖块，经专家鉴定为城墙砖，推测可能是民国初期拆除满城时，居民砌筑房屋所用。这批砖尺寸不宜使用，后经设计用来砌筑花池、树池和景观墙体，效果良好（图16）。

(5) 保护区内的创新设计

历史街区中的新建建筑采用了多种形式的创新，虽然也有混凝土框架结构的设计，但大部分使用钢结构，模拟木结构的尺度与体量，获得了同样轻巧灵动的建筑感觉，依然可以感觉到川西民居建筑的精神气质。

传统的砖、瓦、灰塑容易损坏，我们也利用现代材料和加工技术，制作出很有传统韵味的玻璃门、瓦花墙、金属撑栱，达到了很好的装饰效果。

6. 成功的商业规划和准确地宣传推广

宽窄巷子历史文化保护区保护工程的另一成功要素要归结于商业规划。项目最初就邀请了历史文化专家、市场调查公司、川大品牌研究中心、著名策划公司与设计单位一起研究项目的商业前景与市场定位。随着保护工程的进展，对比成都市其他文化商业项目的经验，最终确立了商业策划内容，并由建设单位、策划公司、设计单位共同组成的商业团队，结合景观设计、标识设计、文化品牌设计，制定了贴合本地市场的商业计划。再加上成都市文化旅游发展集团得天独厚的宣传推广优势和清华大学严谨求实的学术作风，最终造就了宽窄巷子开街近一年的辉煌业绩。

7. 坚持就是胜利

13.14. 砖墙与砖柱的加固
15. 夯土墙的保护
16. 旧城墙砖的利用

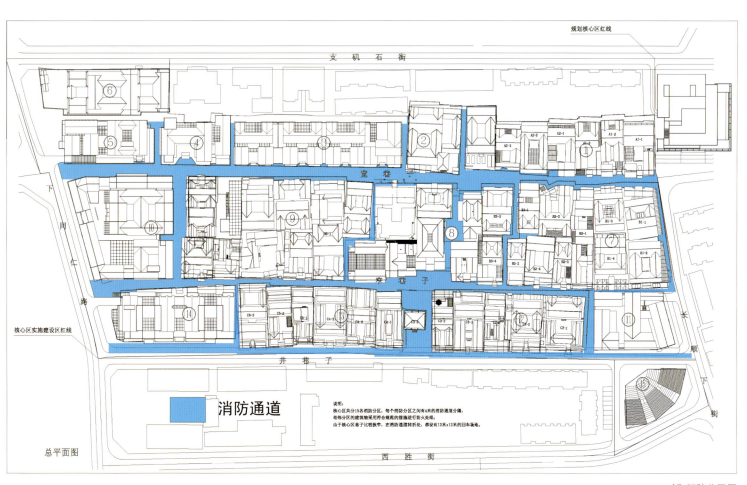

17. 消防分区图

历史文化保护区的保护工程不是一朝一夕的事情，不能急功近利。宽窄巷子从设计到实施完成，再到不断地完善补充，历经近6年，也许还会继续进行下去。能够持久坚持下来，本身就是最大的胜利。

成都宽窄巷子历史文化保护区的保护工程从2003年开始，至今仍有修改完善工作需要进行，我们会将保护与发展的工作一直持续下去。多年的实践经历，不仅使我们学习到了国内外先进的保护理念和实施方法，而且通过大量的调查研究与比较试验，在实际工作中总结出了许多宝贵的经验，及深刻的反思。我们希望在实践中总结的心得体会能够为更多的设计者和建设者提供一些思考，为更多的项目带来帮助，这将是最令人欣慰的。

作者单位：北京清华安地建筑设计顾问有限责任公司

营造良好的城市空间需要公众参与
——专访约翰·汤普逊及合伙人事务所（JTP）主席约翰·汤普逊先生

Creating Good Urban Spaces Demands Public Participation
An interview with Mr. John Thompson, President of John Thompson and Partners (JTP)

住区 Community Design

约翰·汤普逊及合伙人事务所简介：

约翰·汤普逊及合伙人事务所（JTP）由具备公共和私人领域大型居住区和混合开发项目丰富经验的建筑师、城市设计师和社区规划专家组成，其格外重视那些能够同时在物质空间、社会、经济和环境方面有所成就的项目，并获得过许多荣誉。

事务所相信，好的设计可以创造性地为发展过程增添价值。长久以来，其利用自身在建筑设计方面的技能和知识，致力于回应业主和使用者的需求、愿望和志趣，提供高质量的建筑设计，同时努力创造可持续的、安全的和富有魅力的环境，使它们具有宜人的尺度和强烈的归属感。事务所的工作涵盖了小规模高密度的城市加建、历史地段的重新利用，以及城市旧区和新区大规模社区的设计。

约翰·汤普逊（JOHN THOMPSON）简介：
英国皇家建筑师
约翰·汤普逊及合伙人事务所主席
城市主义学会主席
前任英国皇家建筑师协会城市设计与规划部主席
威尔士王子建筑基金会创始人兼理事

约翰·汤普逊是一位在城市更新和混合使用项目方面具有丰富经验的建筑师和城市设计师。他早年毕业于剑桥大学，在20世纪80年代开始探索社区规划的设计方法，即以多专业合作和社区参与为基础的可持续的开发和设计过程。他的总体规划和城市设计作品遍布欧洲城镇。

《住区》：请介绍一下事务所成立的背景、机构设置、人员构成与开展业务的基本情况。

约翰·汤普逊：约翰·汤普逊及合伙人事务所是一家从事城市设计和建筑设计的公司。我们在伦敦与爱丁堡设有工作室，拥有员工80多位，主要包括建筑师、城市设计师和社区规划师。项目则主要分布在欧洲各地，如英国、法国、德国、冰岛、俄罗斯等，也包括中东。我们的强项是运用公众参与的过程来使设计变得更为合理。

《住区》：可持续性是事务所的一项重要的设计原则，且被赋予了环境之外的更多内涵，譬如社会、城市及文化等层面。您如何阐释这些方面的"可持续性"？它们又如何在工作中协调，为达成一致的目标服务？

约翰·汤普逊：可持续是一个综合的概念，包括经济、社会和环境三个方面。若要在城市设计的范畴内达到可持续性，需要各种社会力量的共同努力。可持续发展是全球性的战略，需要全球的人们一齐思考，其各个结构与层面均会影响到能源的有效利用。可持续也同经济产业链息息相关，比如很多商品在中国制造，再运往国外，当中便产生了很多运输方面的能源消耗。

《住区》：城市本身的文脉也具有某种"可持续性"。事务所如何在规划设计中延续城市的文脉，来体现项目不同的地域特征，使之不会千篇一律，从而最大化地增强使用者的归属感？

约翰·汤普逊：我们到任何一个地方，都要同当地的人们进行交流与合作，从而熟悉当地文化，了解当地的气候条件与生活方式。我们可以遵循全球化的原则，但同时又要与合作伙伴进行沟通协作，来帮助寻找到地域的文脉与特色，而不是仅仅将一些国际的做法照搬过来。这也是我们积极倡导公众参与的原因之一。

《住区》：您在城市更新方面具有丰富的经验，这也是事务所工作的重要领域。您对城市与建筑的生命周期有怎样的看法？我们对城市进行"更新"的目的和意义何在？除去"拆除—重建"与"保护—新建"二元对立的策略之外，还有什么方式？而居住者在此过程中又将起到什么作用？

约翰·汤普逊：城市的组织在不断地改变之中，相应地我们要令建筑做一些改变。在这方面，欧洲的经典小城给予我们很大的启示。在这些城市中，很多建筑都是用砖，而非混凝土制造的，但却能适用于人们不断变化的需要，具有相当大的灵活性。当其不再具备原来功能的时候，人们还可以很快地将它们更新。在该过程中，这些建筑的外观或许并没有发生什么变化。可是在中国，尽管很多建筑都是运用混凝土建造的，可一旦它们的功能发生改变，我们就必须将其拆除，从而导致建筑的生命周期很短，这并不是一种有机的城市形态。

对于所有的建筑与城市，实际最重要的是居住在里面的人及他们的生活方式。人们之间的社会、经济与精神关系,都是维系在一起的。城市更新的最大挑战便是使人们之间的这些关系得到改进。同时,也要将建筑进行改进,同时又不能破坏原来的社区系统。20世纪70年代的西方,曾发生一次全面的城市大规模改造运动。很多建筑被拆除,被新房子所取代。相应地,很多人迁移出去,又有人搬进来,从而割断了原有的社会网络,导致了灾难性的结果。

在20世纪80年代以后,我们不再进行这种形式的城市改造,而是通过公众参与,来令城市得以复兴。在英国,这是规划系统所必须遵守的一项法律,即在得到规划许可之前,必须同公众进行对话,得到他们的同意才可以进行相应的工作。我在30年前便开始做这方面的工作了,公众对此也非常积极。

《住区》:对于事务所而言,在中国开展工作,最大的不同或挑战在哪里?

约翰·汤普逊:我们到世界上任何一个地方,都要同当地的伙伴进行合作,并尽可能同当地的人们对话。询问他们的生活如何,有哪些问题我们可以帮助改进。在中国,因为规划体制的限制,我们一般仅局限在同专业人员合作,因为在公众参与方面,中国仍处于探索的阶段。所以我们目前在中国只做了初步的研究,希望今后能够参与实际的项目。

《住区》:事务所曾因出色的住宅设计先后多次获得"建筑为生活"(The Building for Life awards)奖项的肯定(4次金奖、3次银奖),在英国是独一无二的。您如何定义优秀宜居的住宅?您眼中的中国住宅设计水平如何?最大的问题集中在哪?

约翰·汤普逊:'The Building for Life Awards'奖项表明了建筑必须为生活而服务,住宅不仅仅要给人以视觉美,更重要的是要适应于人的生活。对于中国目前的住宅水平,由于我来此的机会有限,无法给出深层次的评价,但至少我不会选择居住在那些高层住宅中。在英国,我便可以选择住在小房子和公寓中。虽然有国情所带来的局限,比如中国的人口众多,但我仍觉得这并不代表中国没有选择,可能更根本的原因在于开发体系。中国的房产开发目前而言仍比较功利,会选取更有利可图的方式来进行开发,而并没有将适宜人们的生活作为根本的出发点。而且高密度不一定代表高层建筑,应该通过深入的密度和城市空间研究来寻找一定的适合现代生活的住宅和社区。

《住区》:作为建筑师,您认为应该如何面对类似中国这种房地产开发现状?

约翰·汤普逊:我喜欢以历史上德国的东西柏林作为例证。在东柏林,人们均居住在大板楼中,因为他们没有多余的选择。而在东西柏林合并后,人们发现西柏林的城市空间更有活力,也更持久,于是便不愿再住回到大板楼中。所以关键是怎样同开发商去沟通,说明怎样既能创造有特色的空间,又能使效益最大化。实际上,人们对于生活空间与住宅的需求,与开发商牟利的方向是一致的。越是受人们喜爱的住宅,售价亦应该越高。对于建筑师而言,关键在于怎样协调这两方面而达成该目标。西方国家便拥有很多的选择,在满足消费者需要的同时,增加房地产商的利益。我在中国的这段时间,也在不停地观察与思考,通过一些项目,试图找出社会、经济的关联,可能今后会谈得更多一些。

《住区》:您为什么如此热衷于社区规划和城市设计?

约翰·汤普逊:我在最初接受建筑设计教育时,并不仅仅学到了怎样造建筑,而且还有怎样利用空间营造场所。在我的职业生涯中,一直都在探索优秀的场所与人们的生活之间的联系,从中汲取原则与知识。这个过程是非常有趣的,这也是我热衷于此的重要原因。

《住区》:您成立"城市主义学会"的初衷是什么?通过几年的实践,有哪些收获?

约翰·汤普逊:城市规划与设计是世界上最有趣的工作领域之一,但目前这个专业被分割成若干部分,人们很难达成一致的理解。要做出好的城市或社区设计,就必须要了解很多交叉与综合的内容,这便是成立城市主义学会的初衷。这个机构中包括建筑师、规划师、工程师、景观设计师、社会学家、地理学家,都要把自己的知识交换共享,从而全面地理解城市。多年以来,我们与众多有志于此的研究者达成了共识,使更多的人了解到如何创造城市与场所。同时,我们的学会也可以影响当地的政策规划与政府部门,以一种合力来创造更好的城市空间。

复兴——英国斯卡伯勒海滨小镇
Regeneration - Scarborough

约翰·汤普逊及合伙人事务所 JTP

"斯卡伯勒是一个血液中流淌着创业精神的地方。把它称为'苏醒的睡美人'非常恰当：这是一个学会了发掘其潜在的创业天赋，并且驾驭它而取得了巨大成功的地方。斯卡伯勒的故事的确是引人瞩目的。'复兴计划'的作用显而易见——先前没有、也不可能存在的繁荣的、创新的数字产业，在这里诞生并得到发展，这是一个巨大的成功。这个产业代替了旅游业，占到了斯卡伯勒经济总量的19%。它的成功是值得庆贺的。"

——彼得·琼斯，BBC电视台记者，"进取英国"的评审人

"当Yorkshire Forward在2001年启动'复兴计划'时，斯卡伯勒正处于终结性衰落的边缘。这个地区需要耐心、雄心和激励，而这些正是JTP团队在其工作中大量提供的。他们热心于此项事业，并且鼓励了各行各业的人们的加入，他们在6年后仍然为参加了这项计划出色的启动工作感到欣慰。

在2008年，斯卡伯勒获得了'约克恒勃大区最佳创业地'的称号，这在很大程度上要归功于JTP事务所在项目初期的影响和指导。"

——尼克·泰勒，"斯卡伯勒复兴计划"经理

社区主导的总体规划

在斯卡伯勒，JTP应区域发展署Yorkshire Forward之邀编制了一个社区主导的总体规划，探索了如何使陷入发展困境的城市在物质空间、经济和社会层面正常运转，在当地人民和工商企业界之间形成了复兴城市的共识。JTP领导了一个多学科的工作小组，通过一年的工作，组建了一个推动复兴的地方组织，并且在"斯卡伯勒社区规划展望周末"活动中招募到上千名的参与者。

最终形成的"复兴行动规划"设定了如何实施这个总体规划。其中的关键部分包括改造公共区域、为受欢迎的游客创建"绿色通道"、加强河谷地区建设以及联通各个社区。此外，还制定了一个街道、广场和公共区域的改善计划，以为这个城市形象带来质的变化，消除负面因素，鼓励投资和创新，重建有活力的文化中心，提升居住密度。

"复兴行动规划"扭转了该地区的衰退，在过去的5年中，新的公共领域、文化和商业空间方面吸引了大规模的投资，增强了公众对城市的信心，并且为城市带来了超过3亿英镑的市场投资。2008年5月，斯卡伯勒被命名为"约克恒勃大区最佳创业地"。

1. 英国斯卡伯勒海滨小镇轴侧图

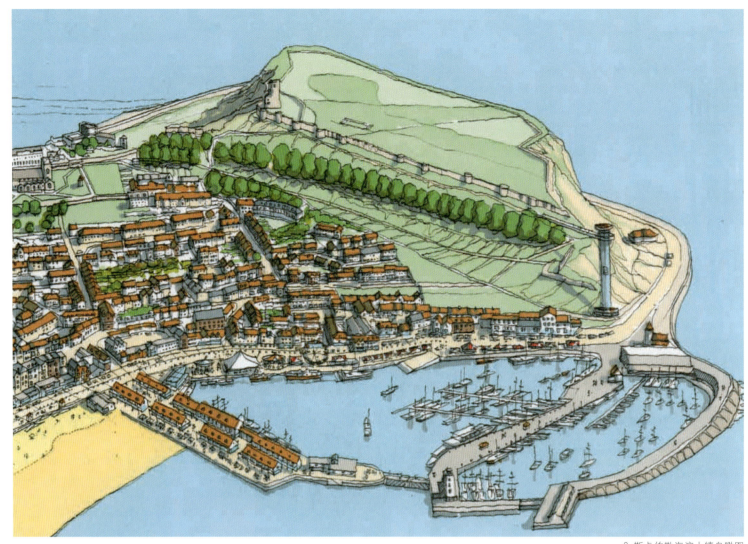

2.斯卡伯勒海滨小镇鸟瞰图

"复兴计划"之中的具体项目：

斯卡伯勒港口（投资280万英镑，2007年7月完工）

这是来自"复兴计划"的第一个项目——通过公共区域的改善与新建咖啡馆等措施来改变斯卡伯勒的三赛德地区，此外还包括在内港为游艇新建的60个泊位。

伍登创意工作区（投资480万英镑，2008年春季完工）

为数字、媒体和创意产业的个人、公司和企业提供定制的、统一管理的工作室，从而鼓励新的想法和有天赋的创业者，帮助创建新企业和发展现有企业。

圆形大厅，威廉·史密斯地质博物馆（投资440万英镑用于改造）

按照预算与预计时间，于2008年5月准时重新开馆（投资者是英国文化遗产彩票基金——190万英镑、斯卡伯勒区议会，以及私人的赞助和捐赠）。

南湾游泳池

临时增加的这个项目是出于加强海岸地区防御的需要。这个项目在规划中形成了一个星状构图，并把这里改造成公共艺术区。

特拉法尔加广场

"特拉法尔加广场居民与朋友（RAFTS）"组织作出许多努力来使广场恢复活力，减少反社会行为的影响。

"搁浅"：在南湾海滩举行的每年一次的免费音乐节

2008年的音乐节从8月14日持续到17日。在过去的7年中有超过400支乐队到"搁浅"演出，包括浪子乐队、弗雷泰利斯乐团、恺撒首领乐队、山地人乐队、艾美麦当劳乐队、敌人乐队和蓝调乐队等。

斯卡伯勒商务园区（计划耗资962.5万英镑）

现有的园区面积将扩大一倍，为企业、写字楼、汽车展厅、零售业、餐厅和旅馆提供约130英亩的发展用地。

温泉浴场改造（耗资375万英镑，大部分已完工）

屋顶和大厅的改造——安装新的会议和娱乐设施，以为这里吸引新的消费，并且重新树立它在举办活动和会议方面的重要性。

沙滩（耗资1.4亿英镑）

北湾地区一个面积50英亩的区域，包括了一些著名的旅游景点。

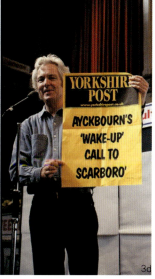

3a~3d.斯卡伯勒的社区规划周末活动现场

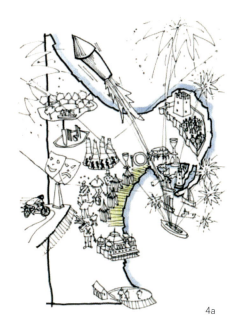
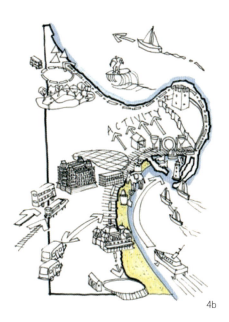
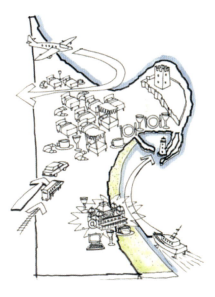

4a~4c.斯卡伯勒海滨小镇复兴计划构思草图
5.协作规划,复兴小镇
6a~6f.复兴后的小镇实景

零碳排放——英国Graylingwell社区
Zero Carbon - Graylingwell

约翰·汤普逊及合伙人事务所 JTP

约翰·汤普逊及合伙人事务所设计的Graylingwell项目是为发展商Linden Homes和Downland房屋协会设计的混合使用功能的开发项目。地块位于奇切斯特城市边缘，利用原闲置的疗养院改造更新，是English Partnership这个政府机构通过购买闲置土地促进城市更新计划的一部分。

这个新的可持续开发项目包括保留一些主要的医院建筑和新建一系列住宅和混合使用功能的建筑。36hm²的用地上将容纳800户住户，其中40%是经济房（廉租房或低价房）。这个项目将成为英国最大的"碳中立"开发项目，即二氧化碳排放实现内部平衡，总体对外排放量为零。

社会可持续

通过大范围的社区规划公众参与活动，400多位公众、利益相关者和政府组织者一起讨论，共同制定了总体规划，旨在建立一个社会和谐的混合使用功能的社区，包括艺术家工作室、多功能社区礼堂、一个农场产品商店以及其他功能建筑。设计中融合的文化策略创造了很强的社区认同感，并使之成为设计的一个焦点。

整个基地朝南展开，原有的病房楼呈马蹄形沿着太阳移动的轨迹由东向西展开。总体布局上尽量增加朝南和东西朝向的房屋，以便安装太阳能光电板和增大朝南窗户面积。整个项目的规模尺度尊重现有周围建筑的体量和朝向，注重与周边公园绿地和保留建筑相协调，通过加强建筑之间的联系，利用合适的材料和大范围的景观设计来软化开发边界，保留和加强基地原有的特色。

文化可持续

设计中融合的文化战略使Graylingwell项目给奇切斯特注入了一轮新的活力。Graylingwell项目将使奇切斯特重新审视自己的长处，发现新的发展动力。这个文化战略因此注重挖掘和加强现存的而不是引进新的概念。因而Graylingwell 旨在提高和加强而不是重复，而这个战略是通过跟最理解这个城市的居民不断交流和协商的结果。

"井"是这个文化战略的最关键的设计概念，（名称来源于基地上现有名为Grayling 的井），主要围绕现存农场庭院，水塔，新的Graylingwell社区礼堂和一系列社区文化活动组成。

1. 英国Graylingwell社区住宅效果图

"井"将成为奇切斯特的一个文化中心——它将随着提供的社会交往空间不断发展，包括咖啡馆、酒吧和社区活动设施，同时它将通过改善人行空间和自行车道提升公共空间质量。"井"的设计旨在吸引当地富有创造力的人们并鼓励他们留在那儿，激发当地的活力和社会交往。Graylingwell的文化战略既考虑了面向当地的老年人口，同时保证和鼓励年轻人口在当地发展。这两个目标并不相互矛盾，因为设计将同时考虑这两个社会的重要组成部分，鼓励各个年龄段共同参与社会活动而给社区带来益处。

物质环境可持续

总体布局呈十字型，保护建筑礼拜堂位于十字型的中心。这个十字形也是沿用奇切斯特罗马十字的传统城市结构。

可持续发展

Graylingwell项目按照政府的可持续政策和规范需要达到以下目标：

可持续发展住宅评估法则节能6级；

基地内二氧化碳排放量预计每年可达1693t。本工程运用太阳能光电板和热电联产系统实现二氧化碳零排放。

首先，通过运用燃气热电联产设备，尽量减少供暖和热水产生需要的二氧化碳排放。热电联产设备不仅提供大部分的暖气和热水供应，而且能够发电将电能输出到电网或邻近的地块。相比运用电网能源和家用燃气热水器的系统，这将很大程度上减少二氧化碳排放。其次，屋顶上安装的太阳能光电板产生零碳排放的电能，成为本项目能源战略的重要组成部分。这将很大程度上抵消基地上产生的二氧化碳排放。

这个系统还证明二氧化碳零排放的开发项目对于开发商来说经济可行。

Graylingwell方案将利用有效的装置节约用水，比如用节能A级的洗衣机和洗碗机，以及雨水收集和循环利用系统。建筑材料有30%是利用可回收和循环使用的材料，经鉴定的木材和运用当地产的材料。另外回收和循环使用的材料还将运用在本项目的其他部分，像道路、人行道、公共空间和停车场。

2、3. 英国Graylingwell社区规划公众参与活动的现场
4. 英国Graylingwell社区文化可持续战略示意图

活动

教育　　　　　　　会议和交流　4

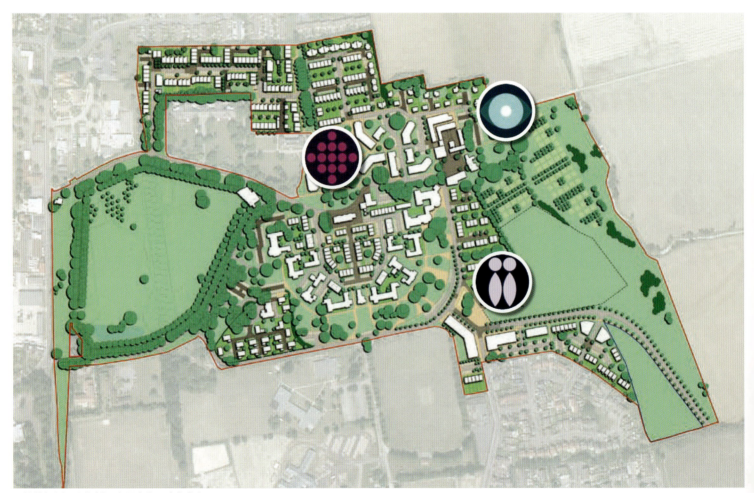

5. 总体规划图上包括三个混合使用功能的中心

Community
社区

Sustainability
可持续

Creativity
创造性

Neighbourly
邻里

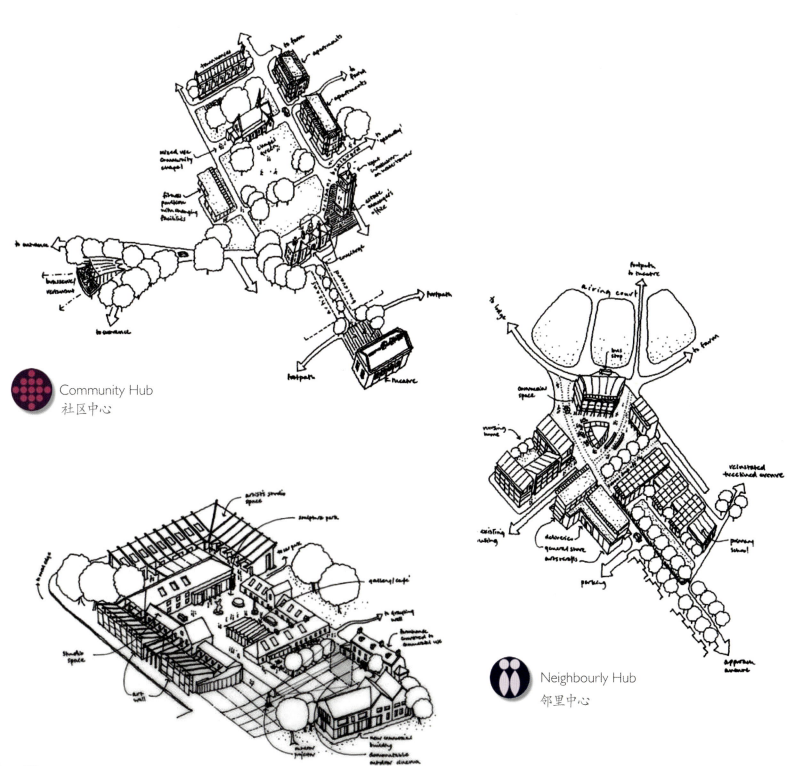

Community Hub
社区中心

Neighbourly Hub
邻里中心

Creativity Hub
创意中心

6. 英国Graylingwell社区总体规划的4个要素——社区、可持续、创造性、邻里关系

7.鸟瞰图

8a~8f.零碳排放小区示意图

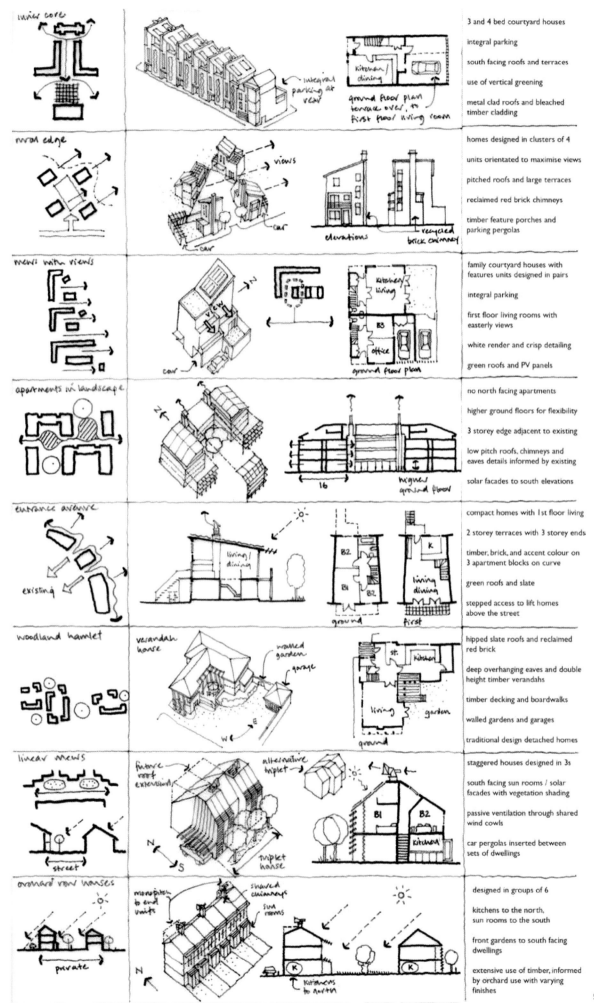

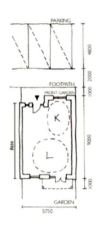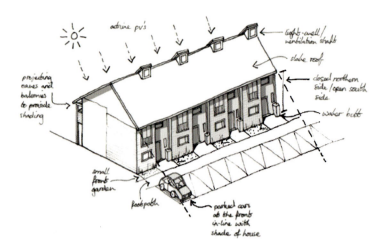

North 北

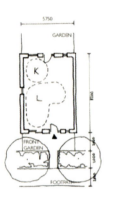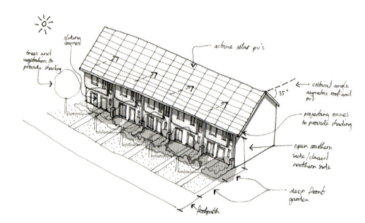

South 南

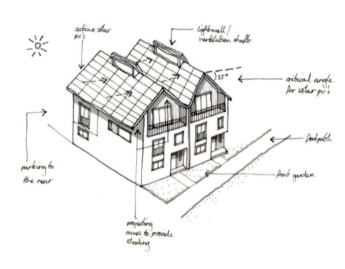

East / West 东/西

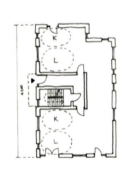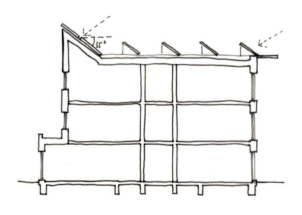

Flats 公寓

10. 英国Graylingwell社区可持续发展住宅示意图

 Sustainability 可持续发展

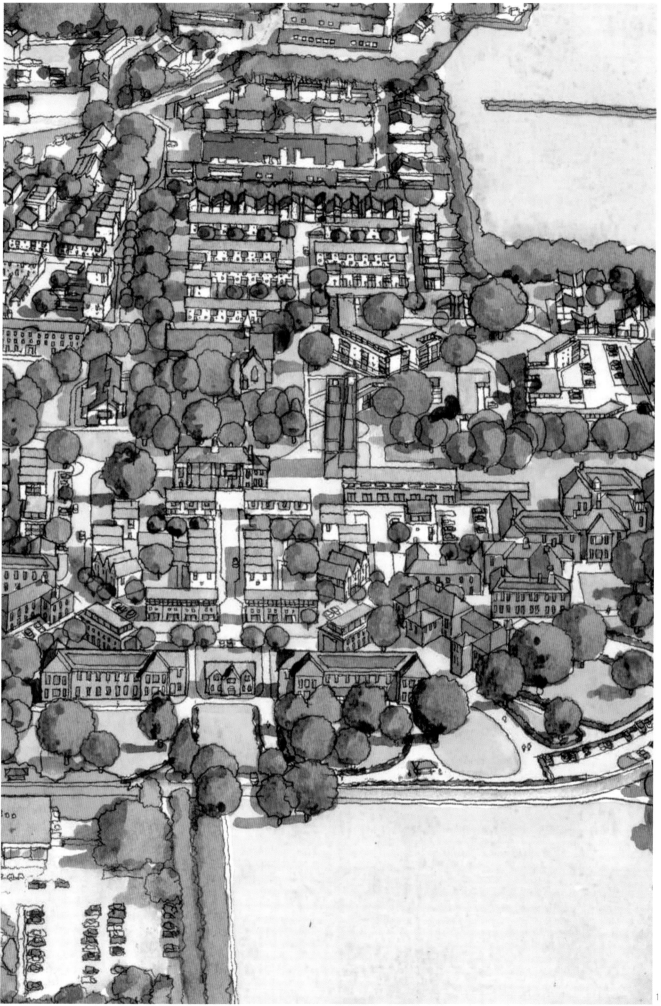

11. 小镇轴侧图

变形记
J.A.科德奇与巴塞罗那ISM公寓
The Metamorphosis
——José Antonio Coderch With His ISM Apartment Building in Barcelona

彭 嫱 Peng Qiang

1. 何塞·安东尼奥·科德奇
2. 第十次小组会议，意大利Spoleto，1976。右一为科德奇
3. Ugalde住宅平面（Casa Ugalde, Sitges, 1951）

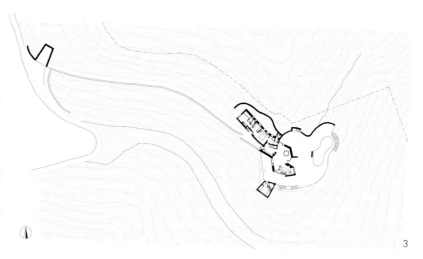

[摘要] 本文着重介绍身为"第十次小组"成员的西班牙建筑师J.A.科德奇于1951年设计的ISM公寓，以其手绘草图作为参照，用图解方式详细阐述了他对方案中出现的貌似非理性平面所作的理性演绎与推导，展示其对不规则线条的精准捕捉能力，亦揭示其为提升适合大众生活的高密度住宅之生活品质所表现的高度社会责任感[1]。这为中国当下普适性的中高密度住宅设计提供了独特而又优秀的样本。

[关键词] 私密性、几何变形、理性、破碎、结构、图解

Abstract: This paper provides an introduction of the ISM apartment building designed in 1951 by a spainish architect, the member of Team 10, José Antonio Coderch. By diagrammatically expatiating his rational deducing of the irrational-like plan, and referring to the sketch, it can be revealed how exactly he could deal with the interrupted lines. The more important is his social responsibility to promote the quality of high-density housing adapted to the mass living. That can be an outstanding model for the popular high/mid-density housing design in China today.

Keywords: privacy, geometrical deformation, rationality, poché, structure, diagram

"阿拉喀涅的手指灵巧地绕线放线，捻纺锤，舞绣针，突然她的手指越变越细、越变越长，最后变成了蜘蛛足织起蜘蛛网来。"
——奥维德·卡夫卡《变形记》[2]

建筑师简介

何塞·安东尼奥·科德奇 (José Antonio Coderch de Sentamenat)（图1）1913年生于巴塞罗那，1984年卒于此。

1931~1936年间，其就读于巴塞罗那建筑高等技术学校（Escola Técnica Superior d'Arquitectura de Barcelona），师从J.M.胡霍尔（Josep Maria Jujol）[3]。

1942年，他与曼努埃尔·瓦尔斯（Manuel Valls i Vergés）在巴塞罗那合伙成立事务所，直至1949年。他们主要承揽小型设计项目，同时也接受官方委托，负责一些乡村地区的援建。

50年代初期，与其他关注现代建筑复兴的青年建筑师一样，他加入了由博依加斯（Oriol Bohigas）[4]和索斯特斯（J.M.Sostres）[5]创立的"R"小组[6]，并与庞蒂（Gio.Ponti）[7]结识。他们并肩作战，声援针对由弗朗哥专政所导致的文化

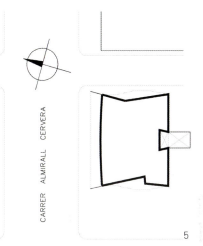

4.ISM公寓街角全景
5.基地示意图

停滞现象[8]的反叛运动,亦响应受30年代先锋建筑密切影响的"批判的地域主义"思潮。科德奇由马德里回到巴塞罗那,在其作品中糅合西班牙民居中的许多元素:如承重墙、百叶窗、瓷砖等[9]。他的举动不仅对与之关系密切的意大利建筑界产生了影响,更推动了现代建筑设计观念中对地方传统的尊重。

1951年的米兰设计三年展(Triennale in Milan)中的西班牙馆设计为科德奇带来了国际声誉,受到凡·艾克(Alto van Eyck)、马克思·比尔(Max Bill)[10]及彼得·哈登(Peter Harden)的赞扬。

在1956~1960年间,科德奇的建筑设计走向成熟。他经塞特(Jose Lluis Sert)[11]介绍加入CIAM,在1958年于荷兰Otterlo举行的最后一次大会上,他的作品Torre Valentina (Girona,1959)引起与会者的热烈反响。此后,他加入第十次小组(Team 10),参加了60至70年代间的各项会议(图2)。"因担心陷入新的精英(genius)主义崇拜而总是与第十次小组若即若离的他"[12],并未对组织作出很多贡献,仅在此期间撰写了具有重大影响的——"It's not genius we need now"[13]一文。

1965年开始,他执教于母校。在此后近20年里,主要专注于高密度住宅问题的研究。

其一生作品颇丰:具有特殊轮廓及超现实主义色彩的乌加尔德住宅(Casa Ugalde, Sitges, 1951)(图3),是其最重要的代表作之一;而同时期具有地中海式现代砖造乡土风格的ISM公寓(Instituto Social De La Marina, Barcelona,1951),亦跻身于20世纪西班牙最优秀的现代建筑之列。

ISM公寓.巴塞罗那.1951
APARTMENT BUILDING . INSTITUTO SOCIAL DE LA MARINA . BARCELONA . 1951

"这座位于街角的小型塔楼(图4)清晰地见证了当时年轻一代的建筑师,是如何在受同时期欧洲大陆所发生的建筑事件的影响下,重新发现和诠释当代建筑语言及其诗意的。"[14]

总图

基地地处狭长街区的端部,平淡规矩的用地却又因城市区位而显得突出(图5)。作为政府资助的渔民住宅项目,其被要求底层布置商铺、诊所等,以上7层提供小型公寓。

从城市角度,建筑师首先要回应处理既有城市边界的问题:如何用建筑单体去填补城市轮廓。公寓不规则的平面形状可视作对此普通矩形地块的回应,用地的紧张使建

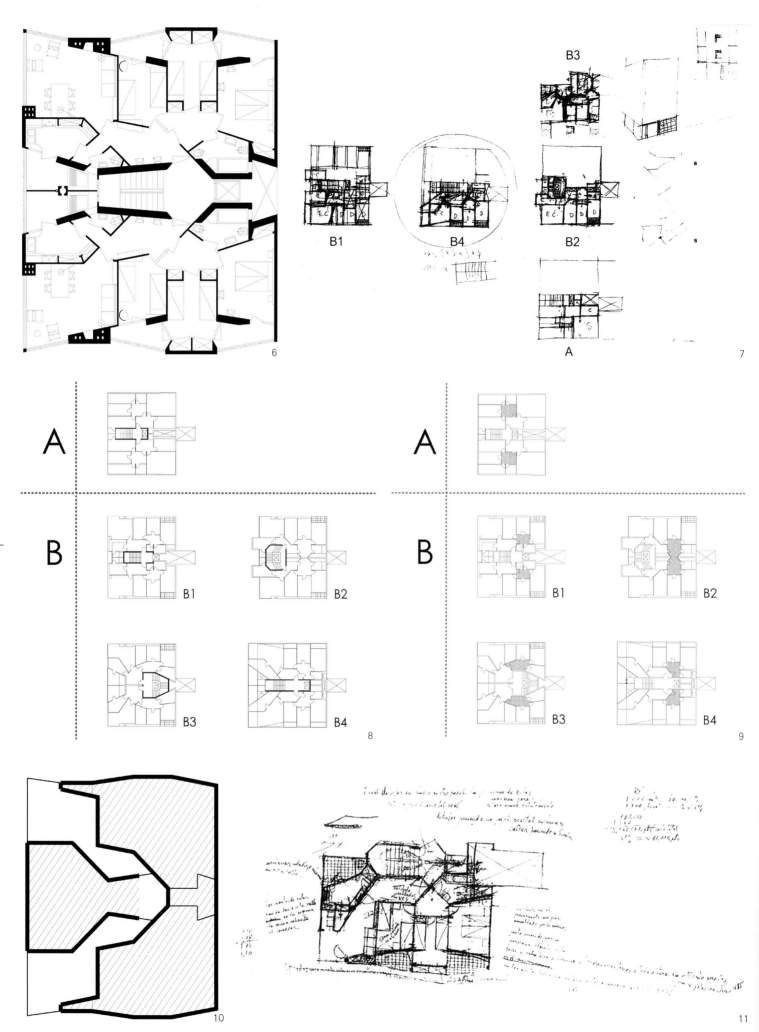

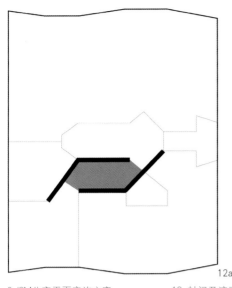 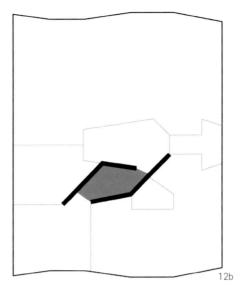 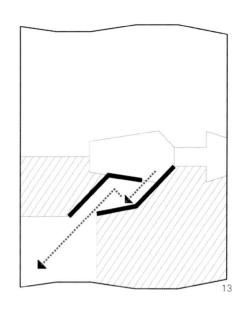

6.ISM公寓平面实施方案
7.科德奇手绘1:200平面草图
8.空间划分示意
9.5个草案中的卧室前厅
10.封闭及流动的空间区域
11.科德奇手绘1:50平面草图
12a、12b.门厅、走道区域的变形
13.指向起居室的路径,由两平行动线组成

筑形体充满张力。而在立面上,由连续的瓷砖饰面实墙和半透明木百叶长窗相间构成的竖向韵律,有效地处理了体量的角部。

平面

平实的外衣却掩藏着一颗近乎"癫狂"的心(图6)——不规则多边形的空间分隔、片断式的"破碎"结构。面对其魔鬼般的"样貌",我们不禁发出下述疑问:非正交线条的出现是浪漫主义的邂逅还是理性思维的演绎?它们又如何被建筑师捕获、锚固?

在1:200的平面草图中梳理设计者的思维发展脉络(图7),不难发现这5个草案各有朝不同方向发展的尝试,并隐含清晰的层级关系。首先可根据卧室、客厅朝向的不同将之分A、B两大类,而B类因交通核组织方式的差异又可再次细分(图8)。由A、B类草案数量的权重可知,科德奇将B类作为构思的重点,其共性是将起居室放在北向,位于平面的角部。若非如此,则两户人家中必有其一的起居室要屈于小街上较为背暗的一面,无法享受Carrer大街的气氛与景致。事实上,住宅的3个临街面均有各自不同的属性——不同的朝向、光照可带来不同的空间品质。而卧室在与起居室对换位置后获得了均好性,也只有利用矩形的长边才有可能争取空间的最大可能。用地自身的特性——面积、环境等因素,缩小了选择的范围。

1.私密性

基地可用面积仅有158m²,规定要容纳两户六口之家,仅此来说已非易事。但科德奇试图给予更多,为居住者的家庭生活提供充分的私密性——给三3个卧室配备一个独立的小前厅(图9)。此动机在浮云般轻描淡写的草案A中也清晰可见。他将中间的交通空间一分为二,形成了一个门厅和一个独立的卧室前厅,3间卧室、卫生间、浴室都与后者直接联系,形成一个私密而安静的夜间活动区域(night time area),这时,所有房间的位置基本都被确定下来。

科德奇又将注意力投向另一处需要提升居住使用品质的重要空间,即门厅——走道——起居室这一日间活动区域。将其他辅助、服务功能空间及上述的卧室区域抛开来看,余下的正是这一动线所占据的留白区域,一条"缝隙"刚好对应了门厅、走道、起居室(图10)。至此,隐隐感到在科德奇对"住宅"内涵的终极追求中,"住宅"的本质似乎可以同由运动路径作为载体的"私密性"之间划上"约等号",这激起笔者以"门厅、走道、起居室、前厅"四者之关系为视角反观建筑师最初草案的冲动。

在B2草案中,科德奇尝试了围合电梯的异型楼梯,以及从楼梯间切角的部位进入户内的方式。不过,入口至起居室或卧室的关系并不理想。所以B3产生了,异型楼梯被移至另一侧,而晾晒平台、卧室前厅、浴室、主卧及阳台都无变化,但厨房沿运动路径一侧的墙体顺势倾斜。严密、谨慎的秉性使他重新选择了不易出现弊端的双跑楼梯,仅保留了一点经验,即切除不必要的角部以获取空间。在这基础上,浴室和卫生间的面积还得以增加。科德奇把B1、B3两种思路融合起来,新的机会出现了。从圈定的B4中还可以明确地看出,设计师把平面向Carrer大街作了一定的扩展,出挑了相当的距离,并拉齐了这个立面的边线。

他重新以1:50的比例,仔细呈现所有已做的努力和遗留的问题(图11),然后开始以几何变形将各部分功能空间的关系协调至一个较佳的状态。将1:50草图与最终实施的方案相比,可见方案继续演进中有多处重要的改动。

首先,楼梯间的墙体轮廓由正交转向倾斜,延长线指向晾晒平台,由此,其与晒台的接触面积加大,直接通风的条件有所改善,而交通核也更为紧凑,整体性加强。另外,第3间卧室的变形出现了,不仅在走道一侧增设了一道门,确保其后的空间可被独立使用,更关键的是,这面墙体稍作倾斜,门厅—走道区域的形状发生变化:由蜂窝状的六边形变为具有偏向性的纺锤形(图12)。纺锤形的出入口连线更向起居室倾斜,润滑了这一路径的流动性。迪耶兹在其文章里论述了这条将3点串联起来的对角线运动路径,"从门厅到走道的一段,中止后侧向滑移;第二次几乎平行于前者,穿越走道到达起居室——走道起了承转的作用。"[15](图13)由于两平行线间的侧向滑移,在住宅入口处,视线无法直达起居室,私密性再次得以实现(图14)。起居室的品

14. 从走道向起居室看
15. 从起居室入口向角部看
16. 中间卧室
17. 对称的墙体
18. 平行的墙体
19. 承重墙示意图
20. ISM公寓施工阶段结构照片
21. 由草图B4引申的立面构思
22. ISM公寓西立面

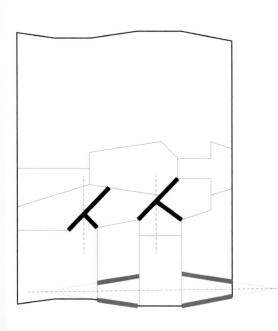 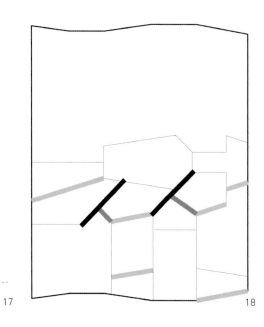 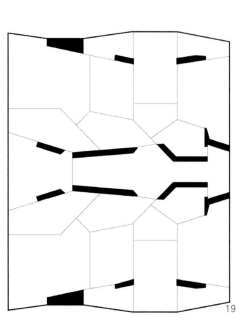

质通过一系列细小的调整逐渐彰显。科德奇缩短了餐厅角部的墙体,仅保留厨房的烟道。或许他是要在知觉上减轻围合结构的厚重感,而实际上,此部分出挑结构的确是越轻巧越好。另一边,实墙也被减至壁炉边缘,并沿斜线向整个房间的对角线外端伸出,形成一个锐角,这让运动路径的动感更加突显。两个沿街面都被最大程度地打开,通高的木百叶长窗成为控制起居室空间内外变化的开关:开则可以达到露台般的开敞,从门厅、走道至起居室的空间流动一气呵成;闭则可以享受类似地段的住宅难以获得的宁静生活氛围(图15)。

2. 几何控制线

科德奇把中间卧室壁柜的形状做出微调,让它可开启的一边分别平行于两侧相邻卧室的外墙,唯有通过这种变形,才能获取更多的空间。此外,卧室透过阳台至室外的视线也因此更为顺畅,采光亦有所改进(图16)。

完成这一步之后,几乎所有的墙体都可以按照平行或对称的几何关系相互协调一致了,将平面抽象为单线图,可以得到如下的图解(图17～18)。

需要强调的是,这些几何变形的自由与完美都源自于科德奇放弃了今日常见的梁柱支撑体系,而采用了西班牙民居中传统的承重墙形式,一种内部包藏着诸如排气、储藏、壁炉等功能的"破碎"(Poché)[16]结构(图19)。与单薄的点柱相比,类似于筒体的结构片段大大加强了结构强度,又可以支撑出挑部分及顶部的屋面(图20)。其本身具有颇为古典且震撼人心的视觉力量,也不存在如何根据"跃动"的柱体而布置水平"梁"的尴尬难题,无需装修即可获得平坦延伸的顶面,从而达到上文所述的空间效果。如此,在功能、结构、空间限定等多方面达到了高度结合。

立面

公寓部分7层高的坚实体量踞于亦虚亦实的底层商铺之上,微微地出挑暗示着功能的上下差异。科德奇逐步将第三间卧室的阳台与主卧室的阳台在功能与形态上作完全对称的布置,对应的外立面处理同样保持一致(图21～22)。他还决定用7.5cm×15cm的瓷砖竖向铺贴实墙的外表面(图23),竖向的目的在于表明一种真实性——外墙并非承重结构!

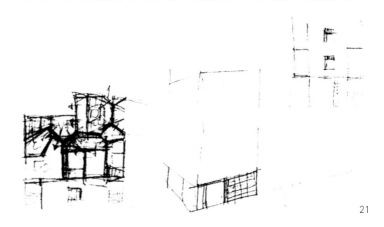

21

20

22

23. 竖向铺贴的瓷砖与百叶窗、底层石材面的对比
24. 水彩渲染效果图

每层采用通高的木百叶长窗将窗洞与阳台的开口遮蔽，有意模糊外窗和阳台开口的不同深度而强化表皮的平面感，以塑造一个三面连续、旋转的体量。百叶窗的运用是地中海的传统做法。

檐口位置则采用出挑的屋檐来作为其体量以及竖向韵律的结束（图24）。

弗兰姆普敦认为，"除加泰罗尼亚传统之外，科德奇也受意大利影响，ISM公寓即与意大利建筑师伊格纳奇奥·加尔德拉（Ignazio Gardella）设计的波萨里诺住宅（Borsalino, Alessandria, Italy, 1951）一样，采用了全高百叶窗和薄挑檐的'传统'表达"[17]。

结语

ISM公寓的单户面积不到90m²，这与时下普遍的中小户型住宅设计颇为吻合。固然因其为东西向的住宅类型不能为我直接套用，但科德奇的设计方式值得探讨：施展"挪腾"、"变形"等手段不但在"螺蛳壳"里容下3个卧室，而且将极高的居住品质锚固于内——给予居住者尊严的极大私密性和联络个人与社会的高度开放感的极致发挥，颇有"纳须弥于芥子"之感。此外，厨卫亦是全明（虽然端部户型有特殊性）。设计者的良苦用心和高超设计水准在此展露无疑。

走笔至此，无可否认的是，在目前中高密度住宅设计中，建筑师仍然具有巨大活动空间的可能性。

科德奇的ISM公寓设计无疑为此作出了恰如其分的注解。

图片来源：
图1、23出自http://www-etsav.upc.es/arxcoderch/en-bio.htm
图2、3、4、14、15、16、20出自参考文献3，其中3经作者重新描绘
图5、6、7、11、21、22出自参考文献8，其中5、6经作者重新描绘
图24出自http://www.coac.net//COAC/exposicions/BCN/2000/coderch19401964/default.html

注释：
1. 出自参考文献3，p14，正文标题"Introduction to the Architecture of an Ethics"。
2. 出自参考文献5。
3. J.M.胡霍尔（Josep Maria Jujol, 1879~1949），加泰罗尼亚建筑师，并广泛从事建筑、家具设计和绘画，是安东尼奥·高迪许多著名作品的合作者。
4. 博依加斯（Oriol Bohigas i Guardiola, 1925~），西班牙建筑师，1981~1988年间任Joan Miro基金会主席。
5. 索斯特斯（Josep Maria Sostres Maluquer, 1915~1984），西班牙建筑师，巴塞罗那建筑高等技术学校教授，R小组创始人之一。曾为西班牙战后重建作出贡献，其知名作品有El Universal News报业大楼。
6. 1952年，由巴塞罗那的青年建筑师Moragas, Sostres, Gili, Bassó, Bohigas, Martorell, Pratmarsó, Ribas, Coderch, Valls, Monguió, Vayreda,

Balcells、Giráldez组成。

"公开反中心的地域主义(anti-centrist regionalism)的范例是加泰隆的民族主义运动，它以1952年建立的'R'组为基础而兴起。这个组一开始就发现自己处于一个复杂的文化环境中。一方面，它有义务复兴GATEPAC (战前CIAM的西班牙翼)的理性主义的和反法西斯的价值观和程序；另一方面，它又明了要唤起一种能被广大公众所接受的现实的地域主义的政治责任。这种双重纲领首先在博依加斯发表于1951年的论文《一种巴塞罗那建筑的可能性》中公开宣布。构成这种非均态地域主义(heterogeneous regionalism)的多样化文化冲动，倾向于肯定现代地域文化无可避免的杂交性"。

引自参考文献3，p357，第9~17行。

7. 吉奥·庞蒂(Gio.Ponti，1891~1979)，意大利著名建筑师、工业设计师、艺术家及出版家，先后创办过Domus和Stijle两种设计刊物，大力宣传现代设计思想，被称作"意大利设计之父"。他还是意大利蒙扎设计双年展和米兰设计三年展积极的组织者、"金罗盘奖"的发起者、"设计工业协会"的共同创办者。

1949年，科德奇的Garriga Nogués住宅(Sitges，1947)吸引了庞蒂和萨托里的注意，Domus杂志开始定期发表科德奇的作品。

8. 弗朗哥政权统治的前十年里西班牙建筑一直受到折中主义的影响。

9. 战后西班牙的工业化及人口迁移在给现代建筑发展布下温床，同时，也使国际样式的照单全收产生了大量问题。沐浴于南欧拉丁文化的第一代现代建筑大师们，通过质疑和自省，将目光投向地方传统，开始丰富现代建筑的内涵。见参考文献6，p59。

10. 马克思·比尔(Max Bill，1908~1994)，瑞士艺术家，20世纪50年代他进一步发展了"具体艺术"(与"抽象艺术"相对)的形式，使之更加流行。"具体艺术"的原则是：材料使用的经济性及合理性。比尔将"具体艺术"定义为"和谐测量与法则的纯粹表达"。

11. 约瑟夫·尤伊斯·塞特(Jose Lluis Sert，1902-1983)，来自加泰罗尼亚的西班牙建筑师，1947~1956年曾任CIAM主席，后任哈佛大学建筑学院院长。

12. 出自参考文献3，p15，第25~26行。

13. 1961年，为了回答贝克马(Jacob Berend Bakema，1914~1981)向他提出的问题，科德奇撰写了著名的"No Son Genios Lo Que Necesitamos Ahora"(It's not genius we need now)。见参考文献3，p132。

贝克马是荷兰建筑师，因参与战后鹿特丹重建而闻名，为第十次小组成员。

14. 出自参考文献2，索引B22，第6~10行。

15. 出自参考文献1，p83。

拉斐尔·迪耶兹(Rafael Díez Barreñada，1964~)，巴塞罗那建筑高等技术学校助理教授，《Coderch: variaciones sobre una casa》是其博士论文。

16. "'边角料空间'(poché)，这个概念在文丘里《建筑的矛盾性与复杂性》中曾经出现过，它被用来说明在建筑中根据不同使用或其他要求采取不同形状的房间交界处产生的剩余空间……就建筑的平面关系而言，边角料空间可以是一个房间或楼梯间和其他辅助性空间(亦即周卜颐先生20世纪80年代翻译文丘里《建》一书时使用的'空腔'概念)，也可能由于太狭小导致无法使用而成为建筑的实体部分(即东南大学青年学者葛明在一篇建筑评论文章中使用的'涂黑'概念)"。引自同济大学王群教授的《柯林罗与拼贴城市理论》，时代建筑，2006(5)，120~123，第1~11行。

17. 出自参考文献3，p7，第16~24行。

参考文献

[1]Rafael Diez Barreñada. Coderch: variaciones sobre una casa. Fundacion Caja De Aquitectos(2001), Barcelona, 2003

[2]Ignasi de Sola-Morales. Birkhäuser Architectural Guide-Spain, 1920-1999. Birkhäuser Verlag, Basel, 1998

[3]Kenneneth Frampton, Rafael Díez. José Antonio Coderch, Houses. 2G N.33, Barcelona, 2005

[4]肯尼斯·弗兰姆普敦著. 现代建筑：一部批判的历史. 张钦楠等译. 北京：生活·读书·新知 三联书店，2004

[5]卡尔维诺著. 卡尔维诺文集——寒冬夜行人等. 吕同六、张洁主编. 南京：译林出版社，2001

[6]后德仟著. 20世纪西班牙现代建筑走向. 建筑学报，2004(2)

[7]Jose Antonio Coderch, Antonio , Pizza, Josep M. Rovira. Coderch 1940~1964: In Search of Home. Col-Legi D'Arquitectes de Catalunya, Barcelona, 2006

[8]Carles Fochs, Gustau Coderch, COAC. Coderch, La barceloneta. ACTAR, Barcelona, 1997

[9]http://www.coac.net//COAC/exposicions/BCN/2000/coderch19401964/default.html

[10]"TEAM 10 Member", http://www.team10online.org/team10/members/coderch.htm

[11]http://www.etsav.upc.edu/arxcoderch/en-ind.htm

作者单位：南京大学建筑学院

地理建筑

The Architecture of the Geography

本期地理关键词：自然地理系统与生产生活变迁

　　自然地理环境是由许多要素，如地貌、气候、水文、植被、动物以及土壤等组成的。这些要素并不是简单汇集在一起，而是在相互制约、相互联系的情况下形成了一个特殊的自然综合体或说是自然地理系统[1]。人类及其建筑活动处在自然地理系统之中，生产方式和居住方式都将受到自然地理环境的影响与制约，尤其在过去生产力低下的年代更是如此。本期选取对蒙古包游牧居所与三都澳海上渔村进行分析，即意在说明地理系统的环境要素对当地居民的生产方式和建筑形态带来的影响。这两种建筑在地理空间上相去甚远，建造方式也大相径庭，但在社会变迁中不约而同地体现出从游移到固定的居住形态模式的变化，是非常有趣的现象。

　　草原植被以草本植物和灌木、小灌木为主，其种类根据居地小气候的不同而有很大的区别。游牧民族在对草原自然环境的适应过程中，根据草原植被的特点分别在一年四季进行相应的牧场选择：如在冬季选择植物枝叶保存良好，覆盖度大，植株高，不易被雪埋的草地作为牧场，如芨芨草、羊草、针茅－蒿类、柠条－红砂－猪毛菜等类型的草地；春季草场则要求萌发早；夏季草场要求生长快，种类多，草质柔软，靠近水源地；秋季的牧草要求多汁、干枯较晚，结实丰富，如葱属、蒿属占优势的草地[2]。各个季节对草场要求的不同形成了蒙古族游牧的生活方式，也孕育了其独具特色的居所——蒙古包。

　　与其他三种海岸类型——沙质海岸、淤泥海岸和生物海岸不同，基岩海岸是由地质构造线与海岸线相互关系而形成的。当海岸线与地质构造线平行时，海岸被断层所控制，发育成为基岩海岸。这时，有一些与岸线走向平行的岛屿逐渐发育，其特点为海岸线多弯曲，水下岸坡坡陡水深[3]。三都澳海湾即属于基岩海岸，这种环境使得三都澳成为大黄花鱼洄游产卵之地，适于渔业发展。但周边陡峭的海岸却使得三都澳人难以在岸上修建渔村，因此常居海上。

注释
1. 蒙吉军.综合自然地理学[M].北京：北京大学出版社，2005：19
2. 王建革.游牧圈与游牧社会——以满铁资料为主的研究[J].中国经济史研究，2000(3)：14～26
3. 杨景春，李有利.地貌学原理[M].北京：北京大学出版社，2001

参考文献
[1] 蒙吉军.综合自然地理学[M].北京：北京大学出版社，2005
[2] 王建革.游牧圈与游牧社会——以满铁资料为主的研究[J].中国经济史研究，2000(3)：14～26
[3] 杨景春，李有利.地貌学原理[M].北京：北京大学出版社，2001

游牧变迁中的游移到固定——蒙古包
Transition from Nomadic to Settled Living - Mongolian Yurt

汪 芳 王恩涌 Wang Fang and Wang Enyong

地　　点：内蒙古草原

地貌特征：内蒙古省域范围辽阔，地貌以高原为主，高原东部多为草原，西部有一些沙漠。草原游牧民族逐水草而居，方便拆卸的蒙古包恰好适应了这一特点。

气候特征：由于内蒙古高原的抬升，东南方来的温暖湿润的夏季季风在到达内蒙高原之前就已失去水分，而冬季西伯利亚的冷风则可长驱直入。因此，内蒙冬季寒冷漫长，夏季温暖短暂，风沙大，全年降水量少而不均。蒙古包的建筑形式适应了这种气候，并起到防风防寒、适当采光的作用。

植被特征：蒙古包分散于我国温带草原区，在辽阔的草原上分布着大量特性不同的草本植物，适应了不同季节游牧民族放牧的需求。如覆盖度大，植株高，且不易被雪埋的草地适合冬季的放牧，干枯晚且多汁的植物则适合秋季的放牧等等[1]。

文化特征：由于从秦汉伊始的农牧民矛盾以及清代的蒙汉分治政策，蒙古高原受汉族农耕文化影响相对较少，相对独立地发展形成草原游牧文化。由于居无定所的生活状态使得太阳在牧民的生活中占据了重要的位置，因此草原游牧文化中有如原始宗教信仰——萨满教中的太阳崇拜，及日常生活依靠太阳计时等内容。

地理解读：蒙古族为适应草原的自然环境形成了游牧的生活方式，随季节而迁徙，于是与此相适应的蒙古包应运而生，成为草原地理系统中的组成要素。而随着游牧生活方式的逐渐消亡，蒙古包也逐渐从可移动转换为固定于场地上。社会的变迁和生活方式的改变影响了居所的形式，但蒙古包仍将作为蒙古族的独特文化元素而被传承下去。

经过长期对草原环境的适应，蒙古族牧民在草原上的游牧活动形成了一定的规律，有大游牧与小游牧之分。由于冬季草木枯萎，只有在其他季节未被食用、得到养护的草场才能够在冬季为牲畜提供食物，因此牧民将其牧场分为冬、夏营地，有的地方甚至分成春、夏、秋、冬四个营地。在各个营地之间迁徙，一年完成一个周期，称为大游牧。而在各个营地内，牧民也可能根据草场生长状况进行一些小型的迁徙，称为小游牧。由于草原上各地草场条件、水源、农业生产条件的不同，各地的牧民从一年内迁徙5、6回到一年内迁徙60~70回都有可能[2]。

在这样的迁徙生活之中，牧民不可能居住在一个固定的地方，于是可移动的蒙古包应运而生。蒙古包的主要构件包括作为框架结构的套尼（蒙古包天窗骨架）、乌尼（连接天窗和木栅栏的椽子）、哈那（网状木制栅栏）以及外部的毛毡和绳带[3]。搭建蒙古包的第一个步骤就是依照圆形平面架好哈那，然后，在其上方架上套尼和乌尼，并将它们相互衔接固定，最后在架好的结构上搭上毛毡，用绳带系牢即可。搭建与拆除方便是蒙古包最大的特点，而各个部件都非常轻巧灵便，也是为了便于在迁徙过程中搬运。

游牧的生活方式是建立在草原共有共用的基础上的[4]。在解放前，草原属于王公贵族，牧民在其所辖范围内游牧迁徙[5]。解放以后，尤其是20世纪80年代以后，随着改革开放和承包制的推行，草场分给了个人。于是，定居轮牧、农牧结合的生产方式逐渐代替了周期性季节游牧。随着游牧生活的消亡，蒙古包也逐渐从移动式转变为固定式。

随着居所逐渐固定下来，并受到汉族文化的影响，蒙古族人的居所也渐渐向汉式发展。首先发生改变的是蒙古包的建材，蒙古包上覆盖的毛毡破损后不再使用新的毡皮替换而是用草和泥土抹住[6]，其框架也被土壁代替；其次是屋内的结构，蒙古包内出现了固定的火炕，天窗变小而失去了原有功能，屋壁上出现了窗户，被称为蒙古包式的土房子[7]。

虽然蒙古包的建筑形式已经发生了一些改变，但是，

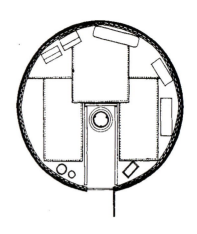

1.蒙古族毡包外观。蒙古包下部为圆形,上部为锥形,锥形顶部为天窗兼烟囱的功能,墙壁上不开窗。蒙古包散落分布于内蒙古草原之上,是草原游牧民族的居所 [资料来源:刘敦桢.中国古代建筑史(第二版),1984.340]。

2.蒙古包平面示意图。蒙古包向东南方向开门,以火炉作为中心。正北方最为尊贵,一般供以佛坛;东侧为男人席位,男子的工作用品,如马具等放于这一侧;西侧为女人席位,女子的工作用品,如水、米、碗架等放在该侧 [资料来源:刘敦桢.中国古代建筑史(第二版),1984.340]。

5.蒙古包的搭建。首先支起下部的网格状哈那,再搭建起上部的套尼和乌尼,最后将毡布围在框架外并捆绑固定。整个过程只需几个人即可完成,非常方便。在冬季,毡布被紧紧遮起,起到保暖作用;而夏季毡布则被卷起,起通风的作用,这使得蒙古包内冬暖夏凉(摄影:杨勇)。

6.成吉思汗陵蒙古历史文化博物馆中的展品:蒙古包的外框架组成。可以看到蒙古包主要的结构部件——上部的套尼、乌尼与下部的哈那均采用细木条制成,方便折叠搬运(摄影:汪芳)。

 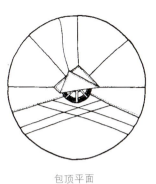 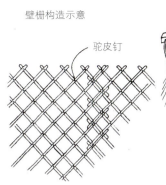 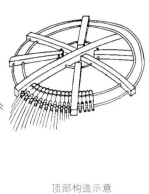

壁栅构造示意

驼皮钉

包顶平面

顶部构造示意

3.蒙古包剖面透视图。可以看出，蒙古包的主要结构部件是框架结构的套尼（蒙古包天窗骨架）、乌尼（连接天窗和木栅栏的椽子）、哈那（网状木制栅栏）以及外部的毛毡和绳带。而作为蒙古包内活动中心的火炉正对天窗兼烟囱，炉火产生的烟可从烟囱中排出［资料来源：刘敦桢.中国古代建筑史（第二版），1984.340］。

4.蒙古族毡包局部构造做法示意图。蒙古包的建筑材料中除木条外均是动物制品，在蒙古包的木构架外包裹的毛毡多为羊皮制成，用于捆绑固定毛毡的绳带用马鬃搓成，并利用驼皮钉将细木条固定成网格状。蒙古包顶部的天窗上钉有木条，木条间角度相同，牧民利用太阳从天窗内照下的阴影计时［资料来源：刘敦桢.中国古代建筑史（第二版），1984.340］。

7.蒙古包包顶。包顶的天窗是蒙古包重要的通风排烟口，且是包内唯一可见天光的结构部件（除开入室门），并起着指示时间的作用，装饰精美（摄影：杨勇）。

8.蒙古包移动时，被拆分成若干部分，其中的每一部分由一人就可以拿起，非常便于搬运与迁徙（摄影：杨勇）。

9.内蒙古希拉牧仁草原上的蒙古包群。在一望无际的黄绿相间的草原之上,白色的蒙古包显得非常醒目,面向东南方太阳升起的方向成排排列。在游牧生活中,由于各家的牲畜均需要一定面积的草场才能够维持,因此蒙古族人很少毗邻而居,多相隔一段距离安放各自的蒙古包。但随着游牧生活方式的消逝,牧民开始聚集而居(摄影:宫连虎)。

10.蒙古包是草原牧民流动的家,羊群走到哪,蒙古包就搬到哪。在蒙古包外,往往有牧民用木棍围成的栅栏,作为院子(摄影:殷帆)。

11.传统蒙古包与蒙古族家庭祭祀供奉的苏勒德神台。宗教传统也是游牧民族多姿多彩的民族文化中的重要组成。它们与蒙古包和谐地组成一个整体,共同反映出蒙古族人民的生活生产方式(摄影:杨勇)。

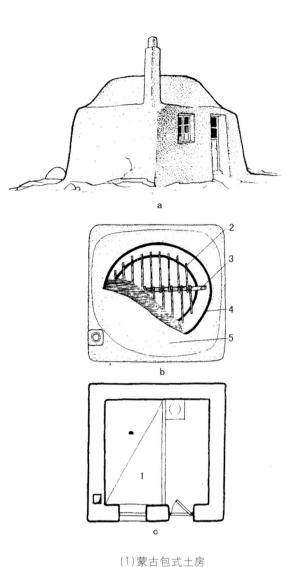

(1)蒙古包式土房

1.火炕;2.椽条;3.檩条;4.沙柳;5.大泥抹面
a.外观透视;b.屋顶构造;c.平面

(2)蒙古包式土房外观

12.蒙古包式土房外观与结构示意图。蒙古包式土房多出现在蒙汉混杂地区——游牧文化受农耕文化影响的区域。此时,蒙古包式土房内部已有固定的火炕和侧窗,仅外形与一些结构形式保持蒙古包原样[资料来源:中国科学院自然科学史研究所.中国古代建筑技术史,1985.360]。

13.达尔扈特世代守护的成吉思汗的陵包,现供奉于成吉思汗陵。在文化的象征意义上,蒙古包有着不可取代的地位,最为重要的成吉思汗陵包就是以蒙古包的形式出现的(摄影:杨勇)。

14.在成吉思汗陵整修时,成吉思汗陵包临时放到室外的情景。成吉思汗在蒙古文化中的地位至高无上,与之相关的种种信息至今仍是蒙古族文化的重要组成(摄影:杨勇)。

15.景区开发中作为接待设施的蒙古包。作为内蒙古地区重要文化符号的蒙古包在旅游活动中成为了不可取代的吸引物。但出于经济和建设方便的考虑,这些蒙古包不再采用传统的建造方式,而是利用现代材料和技术,如固定的水泥墙体,并在墙壁上开窗,大面积降低天窗的面积,仅仅保留了蒙古包圆形的外观与蒙古族传统的装饰符号(摄影:刘鲁)。

16.内蒙古四子王旗格根塔拉旅游接待设施。蒙古包作为内蒙古地区最为鲜明的建筑文化符号,它的形态意象与构成元素已被大量运用到各种建筑之中,而不仅限于居住建筑(摄影:宫连虎)。

17.内蒙古四子王旗格根塔拉旅游接待用的蒙古包。作为旅游设施的蒙古包，虽然外观保留下来，却不再拆移而固定在场地上了（摄影：宫连虎）。

18.晨曦中的内蒙古草原，一如千年的辽阔无际。然而在草原上生活的游牧民族逐渐接受了现代化的生活方式，从游牧转向定居轮牧或是农牧结合，间或从事旅游接待活动。至今仍坚持传统游牧生活的牧民少之又少，草原未来的风景将如何改变，与草原上的人民将来所要选择的生活方式息息相关（摄影：殷帆）。

蕴含在其中的文化信息却保留了下来。在建筑内部空间的组织上，虽然出现了汉式的固定火炕，但整体的布局形式并没有太大的改变。蒙古族信仰藏传佛教，蒙古包中最尊贵的正北方向用于供奉佛像；游牧中生活的男女分工明确，蒙古包内东西两侧分别为男人席和女人席；在内蒙古高原寒冷的冬季中，火对蒙古族的意义重大，蒙古包室内以位处正中的灶为生活中心。虽然现在的蒙古包已经失去了传统蒙古包可移动的属性，但作为一种建筑符号，仍然广泛地出现在内蒙古地区的现代建筑之中。游牧的生活方式或许终难逃消逝的命运，但是因其而生的蒙古包作为蒙古文化元素却无以替代。

* 研究成员：郁秀峰、朱以才、殷　帆、裴　钰、王　星

注释

1.王建革.游牧圈与游牧社会——以满铁资料为主的研究[J].中国经济史研究，2000(3).14～26

2.王建革.游牧圈与游牧社会——以满铁资料为主的研究[J].中国经济史研究，2000(3).14～26

3.柳逸善.关于蒙古包的审美研究：[博士学位论文] [D].北京：中央民族大学，2005

4.吉田顺一著.游牧及其改革[J].阿拉腾嘎日嘎译.内蒙古师范大学学报：哲学社会科学版，2004.33(6).37～38

5.包玉山.蒙古族古代游牧生产力及其组织运行[J].中国经济史研究，2000(2).149～153

6.王建革.定居与近代蒙古族农业的变迁[J]. 中国历史地理论丛，2000(2). 25～42,251

7.白萨茹拉.近代内蒙古东部地区蒙古人居住和饮食习俗的变迁：[硕士学位论文] [D].呼和浩特：内蒙古大学，2004

参考文献

[1]包玉山.蒙古族古代游牧生产力及其组织运行[J].中国经济史研究，2000(2).149～153

[2]白萨茹拉.近代内蒙古东部地区蒙古人居住和饮食习俗的变迁：[硕士学位论文] [D].呼和浩特：内蒙古大学，2004

[3]侯幼彬、李婉贞.中国古代建筑历史图说[M].北京：中国建筑工业出版社，2002

[4]吉田顺一著. 游牧及其改革[J].阿拉腾嘎日嘎译.内蒙古师范大学学报：哲学社会科学版，2004.33(6).37～38

[5]刘敦桢.中国古代建筑史（第二版）[M]. 北京：中国建筑工业出版社，1984

[6]柳逸善.关于蒙古包的审美研究：[博士学位论文] [D].北京：中央民族大学，2005

[7]汪之力.中国传统民居建筑[M].济南：山东科学技术出版社，1994

[8]王建革.定居与近代蒙古族农业的变迁[J]. 中国历史地理论丛，2000(2). 25～42,251

[9]王建革.游牧圈与游牧社会——以满铁资料为主的研究[J].中国经济史研究，2000(3). 14～26

[10](前苏)维克托若娃.蒙古的居民点和住宅的民族文化特点[J].蒙古学信息，1993(2). 7～11,48

[11]中国科学院中国植被图编辑委员会.中国植被及其地理格局——中华人民共和国植被图（1:1000000）说明书（上卷）[M]. 北京：地质出版社，2007

[12]中国科学院中国植被图编辑委员会.中国植被及其地理格局——中华人民共和国植被图（1:1000000）说明书（下卷）[M]. 北京：地质出版社，2007

[13]中国科学院中国植被图编辑委员会.中华人民共和国植被图（1:1000000）[M]. 北京：地质出版社，2007

[14]中国科学院自然科学史研究所.中国古代建筑技术史[M]. 北京：科学出版社，1985

作者单位：北京大学城市与环境学院

浮在海上的村庄——三都澳海上渔村
A Floating Village - San Du Ao Village

汪 芳 王恩涌 Wang Fang and Wang Enyong

地　　点：福建宁德

地貌特征：三都澳位于福建宁德霍童溪、七都溪与赛江三江的入海口处，恰处于浦城-宁德北西向断裂带上，海底断裂深陷，入海口外侧则有因断裂带而发育的岛屿阻挡外海海浪。这使得三都澳水深而口窄，水域开阔，水面平静，是大黄花鱼洄游产卵之地。现在宁德市广泛推广网箱养殖大黄花鱼，海上渔村就是建在纵横交错的渔排之上。

气候特征：三都澳气候湿润，具有海洋性季风气候特点，这里台风与暴雨灾害频发，使得河流径流量大，将大量的营养物质带到入海口，为澳口的鱼类生长提供了充足的养分。

文化特征：宁德的沿海渔业最早的记录可追溯到明代，在其后的清代亦有所发展，但三都澳在1971年之前都没有渔港，其渔民一年四季以船为家漂泊在海上[1]。1989年以来，三都澳开始推广网箱养殖大黄花鱼的方式，使得渔民的居所由渔船变成了木屋，渔民也由常年在海上漂泊不定变为常居一地。

地理解读：从捕鱼到养殖，从漂泊到定居，生产方式的变化带来了住所的改变，唯一不变的是三都澳人与大海的休戚与共，这正是由三都澳基岩海岸的自然环境特征决定的。作为漂浮在海上的村庄，三都澳渔村以其独特的生活方式与大海和谐相处。

远望三都澳，苍茫水色中，一片星光渔火，隐约可见海上渔村。无际的海面仿佛是宽阔的大地，整齐的渔排上搭建起海上小村庄。海面中点缀着座座木屋，木屋之间水路纵横，阡陌相连。房前屋后都是鱼池网箱，养殖的多为大黄花鱼。

如前文所述，当海岸线与地质构造线平行时，海岸被断层所控制，便发育成为基岩海岸。与岸线走向平行的岛屿沿岸则发育成为岸线曲、岸坡陡、海水深的形态。三都澳海湾即属于基岩海岸，这为三都澳成为大黄花鱼洄游产卵之地提供了天然便利。

三都澳独特的地理特征，使其成为了著名的大黄花鱼产卵场，尤其是位处其中的官井洋所产的大黄花鱼，海内闻名，其产量也一直高居宁德各类鱼类总量的榜首。1949年，宁德市渔业总捕捞量为1214t，而其中大黄花鱼汛期产量就达788t。其后，大黄花鱼捕捞量逐年上升，到了20世纪70年代，已达到3000多吨[2]。大黄花鱼在立夏之后到夏至的一个多月中产卵，这期间闽浙一带的渔民都会来三都澳捕鱼，最多时多达2万人。过量的捕捞将大黄花鱼逼向接近灭绝的境地，因此政府出台了禁渔、限渔令，以保证其种群的延续[3]。1989年，宁德市首次尝试网箱养殖，在最初开始试验的十几口网箱获得成功后，经过10多年的发展，养殖数量逐年上升，至2007年已经发展到30多万口网箱的规模，其中绝大多数是养殖大黄花鱼[4]。

目前，三都澳的渔民以养殖大黄花鱼为生。在出海捕鱼的时代，渔民们以渔船为家；在推广网箱养殖之后，渔民们则以网箱为伴。为了便于投喂，照料养殖的鱼儿，渔民们将网箱紧密相连，漂在水面，道道渔排浮在港湾。约8000居民的住宅、超市、饭店也建在渔排之上，可谓"麻雀虽小、五脏俱全"，就像一个陆地上的村庄一样。渔排之间的木板就是街道，没有车辆，渔船、舢板，甚至漂浮的塑料板都是交通工具，在木屋间穿梭往来。整个渔村依靠水道与岸上交换货物，淡水、饲料、日用品和刚刚打捞上来的鱼虾也都通过各类船只在海上渔村与岸上进行互通。渔民的住所采用木板作为材料，这是由于木板较为轻便，容易浮在水面上。而为了适应三都澳湿润炎热的气候，木板房的门窗都较为简易，便于通风。

* 研究成员：郁秀峰、朱以才、殷　帆、裴　钰、王　星

注释

1. 宁德市地方志编纂委员会编.宁德市志[M].北京：中华书局出版社，1995.240～242

2. 宁德市地方志编纂委员会编.宁德市志[M].北京：中华书局出版社，1995.243

3. 宁德地区地方志编纂委员会编.宁德地区志[M].北京：方志出版社，1998.367

4. 刘祥.让闽东大黄花鱼畅游海外.中国检验检疫，2007(4).37～38

参考文献

[1] 刘祥.让闽东大黄花鱼畅游海外[J]. 中国检验检疫，2007(4).37～38

[2] 宁德市地方志编纂委员会编.宁德市志[M].北京：中华书局出版社，1995

[3] 宁德地区地方志编纂委员会编.宁德地区志[M].北京：方志出版社，1998

[4] 赵怡本.三都澳海岸带区域资源开发利用与经济发展研究:[博士学位论文][D].福州：福建师范大学，2004

作者单位：北京大学城市与环境学院

1. 三都澳位于浦城-宁德北西向断裂带上，这里的海岸属基岩海岸，为陡峭的山崖。这样的海岸条件无法发展农业生产，居住在海边的三都澳人遂主要以渔业为生（摄影：吴必虎）。

2. 三都澳是天然良港，水深而口窄，水域开阔，水面平静，是大黄花鱼洄游产卵之地，也是发展渔业的好地方（摄影：陈中伟）。

4. 渔户间相挨相连，绵延不断，称其为"海上村庄"绝不为过。渔村里也有街巷、门牌，甚至学校、网吧、卡拉OK厅（摄影：陈中伟）。

5. 各个网箱之间相互连接，其上搭有木板，形成连片的渔排，居住的小屋、淡水水箱、养殖必需的工具也同样堆放在渔排之上。所有三都澳人需要的生活生产资料全部源自大海，他们在海上生活，海上成长（摄影：吴必虎）。

6. 近观三都澳渔排，各个网箱相连呈网格状，渔民居住的木板房恰以渔排为地基，漂浮水上（摄影：吴必虎）。

7. 三都澳渔村之中，各家各户的木板房均建在自家养殖的网箱旁（摄影：吴必虎）。

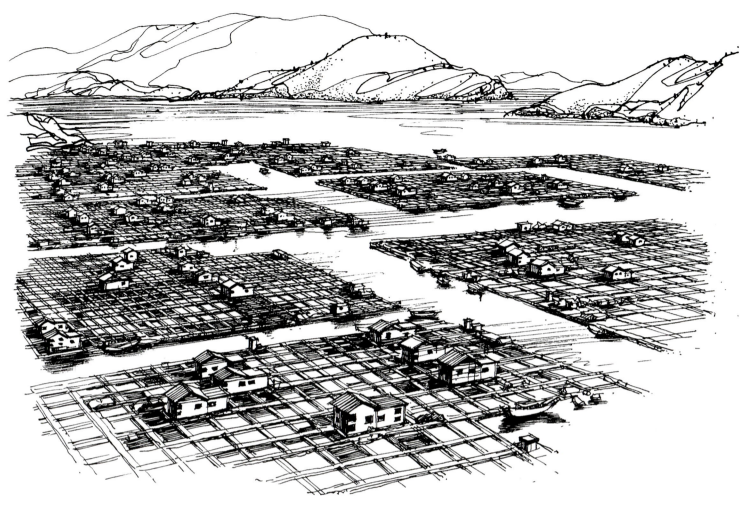

3.从上方鸟瞰三都澳渔村,渔排纵横相连,渔屋点缀其上,与田园乡村景观似乎并无二致(图片来源:彭耀根提供,张雯绘制)。

8.渔民在给养殖的大黄花鱼喂饲料。搭放的方格网式的木板方便渔民行走照料各个网箱中的大黄花鱼,渔网则是为了避免在涨潮的时候大黄花鱼从水面上脱逃,三都澳渔村的一切设施都是围绕大黄花鱼养殖而展开(摄影:陈中伟)。

9.夜幕降临,夕阳将海面染红,潮水上涨,淹没了渔排,平静的海面上只见一座座的木屋与大黄花鱼养殖网箱的点点浮球(摄影:陈中伟)。

大连亿达东方圣荷西

Eastern San Jose, Dalian

项目名称：东方圣荷西
项目地址：大连软件园
开 发 商：大连软件园开发有限公司
项目时间：2006年4月
项目类型：住宅及配套公建
用地面积：6.9hm²
建筑面积：15.87万m²
容 积 率：2.3

东方圣荷西是亿达集团的核心企业——大连软件园开发有限公司，继知音园、学清园、国际新城、康派等知名项目之后，在软件园精心打造的又一优质国际生活社区力作。大连软件园，作为大连新兴的高知人群聚集地和城市财富制高点，已经成为大连最有人文气质的工作区域和居住区域。大连软件园一期的开发建设，已经让一座拥有国际一流规划、建筑、环境水准的软件产业城初具规模。东方圣荷西正是位于大连软件园的核心区，处于城市西行软件园的门户地带。项目三面环山，西接142hm²的西山森林公园，南面俯瞰星海湾，坐拥山海的环境特征与进退通达的城市便利，为打造高品质的住宅项目提供了优厚的基础。

东方圣荷西的规划围绕"与山海谐、与自然融"的出发点，11栋挺拔秀逸的高层建筑依山势而生，背山面海，围绕社区内部5万m²原生态山体公园和6万m²高密度中央溪谷园林铺陈展开，山景、海景、园景错落有致，尽收眼底。极高的园林覆盖率、极为丰富的景观元素、超大的楼间距、立体化的造园手法，充分体现了"宅以景生、景宅互动"的设计理念，也充分表达了半山豪宅的产品定位和人本主义的社区愿景。

东方圣荷西项目包括11栋18～32层高层住宅、1万m²高端商业街和社区会所。东方圣荷西以高舒适度、高品质的三室两卫户型为主，主力户型面积在150～240m2之间，设计多样。其舒阔的空间、人性化的细节，充分演绎了空中别墅、人文尊邸的开发思想。

可以说，东方圣荷西是软件园居住产品开发序列中的一个里程碑，是软件园最高端的居住社区，也是大连"人文住区"的典范之作。它代表了一种向上、创新的时代精神，也代表了一种关注本质、回归自然的现代生活潮流。东方圣荷西在致力打造一个城市的居住梦想，一个阶层的半山荣耀。

* 资料由亿达集团发展与产品研发管理部提供

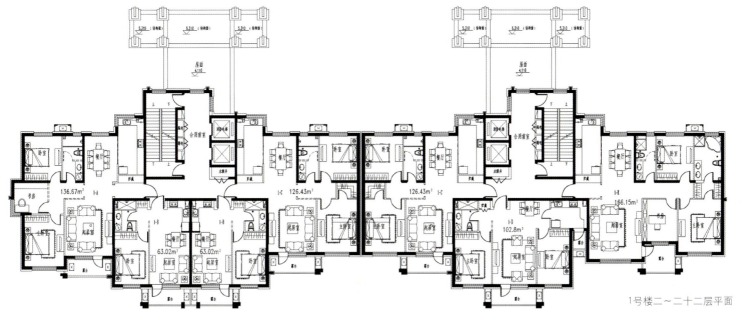

1号楼二~二十二层平面

大连亿达第五郡
Fifth County, Dalian

开 发 商：大连亿达美加房地产开发有限公司
占地面积：1号地块62300m²
　　　　　3号地块97200m²
　　　　　4号地块56300m²
　　　　　5号地块118100m²
　　　　　6号地块128300m²

建筑面积：1号地块113300m²
　　　　　3号地块176300m²
　　　　　4号地块61500m²
　　　　　5号地块120100m²
　　　　　6号地块100800m²

亿达第五郡项目是由6块用地组成，其中2号地块为政府用地。

一、规划设计

1. 大连亿达美加第五郡项目紧邻甘井子区政府，周边配套齐全。密植景观，林荫道路贯穿整个社区，最大化的绿化空间提供新鲜的空气和赏心悦目的花园景观保证业主健康的生活。

2. 第五郡项目为低密度美式住宅社区，以人性化、生活化为设计宗旨，追求完美的生活环境，以别墅的设计理念来处理花园洋房的设计。

3. 4~5层花园洋房形成Block组团，以围合的形态提供私密性半封闭庭院空间，30m超大楼间距，保证了充足的日照时间，小区南北中轴线两边为7~8层电梯洋房，中央景观带为业主提供了最佳的视觉享受。

4. 北面庭院式的商业街位于社区地面，采用美加州商业街风格，围合式的庭院商街和沿街商街相结合。

二、建筑设计特点

1. 住宅特点

(1) 立面风格

第五郡项目5号地块项目立面设计风格为南加州式。

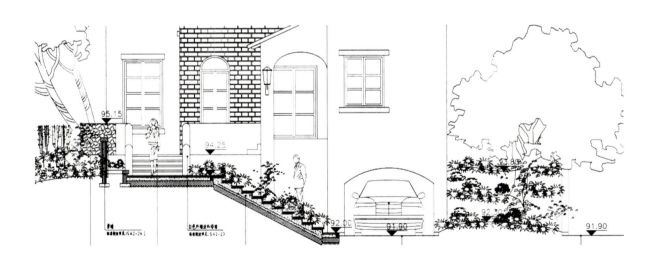

充分体现了家庭的亲切感。

(2) 平面设计

户型设计结合了加州风格的室内空间形态，几近全明，通透的餐厅、客厅多变的内部空间，对建筑风格给予很好的尊重。而小进深阳台、柱廊则更好地满足了加州洋房在大连气候区的采光、采暖要求。

(3) 空间创意

① 在设计中把别墅和高档公寓楼的机能概念引进来。如底层入户花园的概念，从半室外的过渡入户等。入户花园可以种植、绿化，也可以多功能使用，从而提高生活的档次。底层花园在空间上是立体化的，下沉式庭院和地面庭院相结合，以缓坡或一些有特色的栏杆相联系和围合。从而丰富了室外空间，给业主多层次的心理感受。

② 前厅是业主在这里取信报及相遇、打招呼的地方，是一个很人性的空间，代表了公寓楼的形象，我们在设计中强调了这一点。公共楼梯入口竖向上设计成两层挑高的空间，并且在水平方向稍微放大一点。可以布置信报箱、公告牌，便于业主的联系。

(4) 建筑细节

南加州式建筑处在阳光、海洋、树木包围的外在情境中，建筑上丰富多变的细部是这种外在生活的固化延续。加州木构建筑产生了一系列独有的建筑细节：山花上的"牛腿"、深深出挑的木构架、"西班牙砖"的贴面，多层次的屋檐和屋脊。项目设计中精美的铁构件和"朱丽叶阳台"，木质的厚重法式门，完全呈现了南加州意向。

* 资料由亿达集团发展与产品研发管理部提供

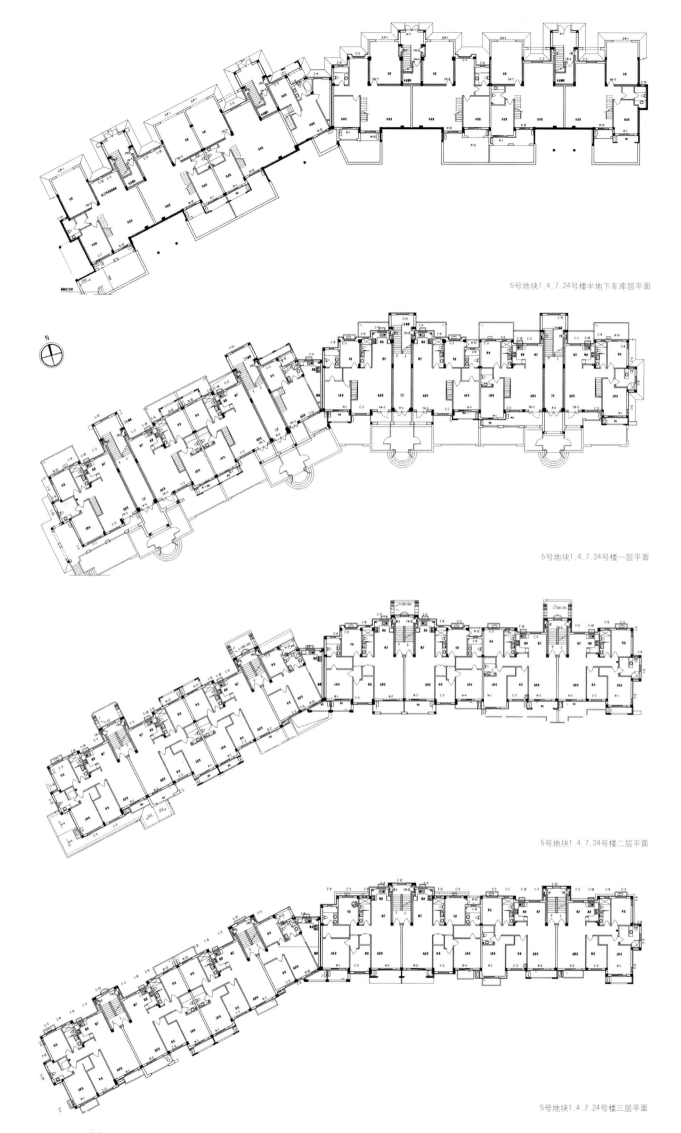

5号地块1.4.7.24号楼半地下车库层平面

5号地块1.4.7.24号楼一层平面

5号地块1.4.7.24号楼二层平面

5号地块1.4.7.24号楼三层平面

大连亿达蓝湾

Blue Bay, Dalian

开 发 商：大连圣北房地产有限公司
占地面积：39万㎡
建筑面积：27万㎡
　　　　别墅建筑面积：3.6万㎡
　　　　高层建筑面积：19.8万㎡
　　　　商业建筑面积：0.9万㎡
　　　　酒店建筑面积：2.7万㎡
总容积率：0.68
绿 化 率：65%以上

旅顺地处辽东半岛最南端,三面环海,一面与大连市区相连,隔海与山东半岛相望。全区土地面积506km²,其中城区规划面积37km²,海岸线总长169km,是国家级重点风景名胜区、国家级自然保护区、国家森林公园和历史文化名城。蓝湾位于旅顺南路和郭水路的交汇处,地处133km²的大连知本经济产业带,背倚鸡冠山脉,南面塔河湾浴场,北面小孤山水库,毗邻旅顺大学城大医、大外和软件园二期。其近邻拥有27洞的湾山高尔夫球场、白银山温泉、旅顺AAAA级风景区等休闲度假资源。

蓝湾项目是大连第一个由美国设计团队历练3年打造而成的美式生活社区,其中有:五重庭院的海边独栋、美式标准公寓、美式院景商街以及星级度假酒店。

180座海边独栋被7万m²的人工湖所围绕,采用西班牙和意大利托斯卡纳两种经典的建筑风格。单体销售面积是175~251m²,此外每户还将赠送首层采光空间以及五重私家庭院。其首层创新引入了下沉式花园,更增添了生活乐趣。

北侧的4栋高层是蓝湾美式标准公寓,由世界500强之一的松下电工实行全部的精装修成品交房,销售面积是51~89m²。它采用了独特的Y字型设计,确保全南向户户观海,且拥有超大的阳台,最大可达15m²,可将山景、海景、湖景尽收眼底。公寓内6m超高大堂的首层还配备了会客厅、洗衣房、餐厅、小型超市、商务中心等多重功能。

沿旅顺南路是9000m²的美式院景商街,东侧区域有规划中的星级度假酒店,为业主提供完善的餐饮、娱乐、健身等设施,将成为蓝湾业主的大会所。项目南面为塔河湾浴场,是大连市三大优质海水浴场之一。从西侧修建的专用地下通道,将直达为业主预留的近2万m²的VIP私家海滩。

* 资料由亿达集团发展与产品研发管理部提供

高层公寓一层平面

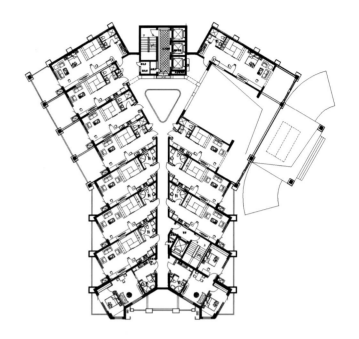

高层公寓二层平面

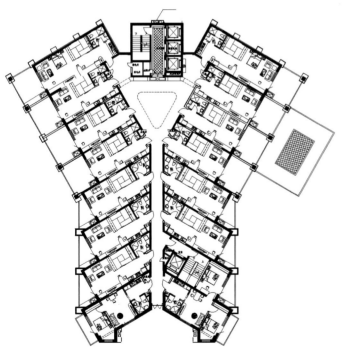

高层公寓三层平面

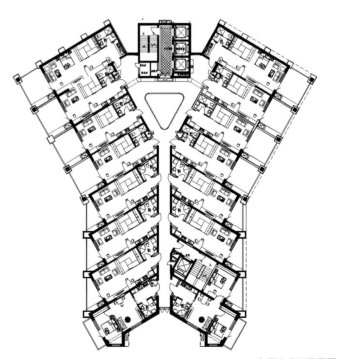

高层公寓四层平面

利用文化重建复兴旧城街区的城市设计方法探讨
Culture regeneration oriented urban design method used in the renaissance of traditional district

吴春苑 *Wu Chunyuan*

[摘要]文化重建是最近旧城改造中城市规划师关注和追求的目标之一。有一种办法就是通过发展、强化一个地区或者那里的人们的特性来恢复或者提升城市生活的质量。本文探讨了城市设计是旧城复兴过程中的一个必要环节，着重阐述了城市文化街区的特征，并且总结了以文化重建为目的的城市设计要点，最后分析了四川省都江堰市浦阳镇历史街区改造的实例。作者建议，要想提高成功的机率，就要采用整体城市重建的办法，通过制定政策使文化策略成为城市管理和城市设计的组织原则之一。

[关键词]旧城复兴、城市文化、公共空间、场所感

Abstract: *Recent years, one of the goals that has been concerned in urban redevelopment is cultural regeneration. This is seen as a means of restoring and improving the quality of urban life through the enhancement and development of the unique characteristics of a place and its people. This article argues that urban design is integral to the process of urban renaissance. The article looks at how special cultural quarters are developed in city centre areas, and outlines the ways in which urban design techniques are used as part of the process of wider cultural regeneration, focusing on an area of Puyang town in Sichuan province. It is suggested that, for improved chances of success, the adoption of a holistic approach to urban regeneration is required, with policy-makers using culture as an organizing principle for city management and urban design.*

Keywords: *urban renaissance, cultural regeneration, public spaces, sense of place*

尽管从建筑设计进入后现代主义开始，"文脉"就成为论述市民自豪感和地区活力时的常用词，但是在实践中，这种文化复兴是以多样性为特征的，没有统一的标准，也没有一个容易定义的外在表现。

后现代主义的概念应用到城市空间设计中更需要正确认识传统的城市设计法和新发展趋势的背景。后现代主义与场所感有关，其关注点就是本土的和独特的。在旧城的复兴过程中，应该采用更有效的文化重建办法来对这些地区进行城市设计。这就需要设计师具有一种高于空间规划设计的城市设计观念，这种观念是直接建立在对文化的普遍及特殊意义的双重理解的基础之上的。换言之，这些地区的城市设计实践最好要与当地特有的生活文化紧密联系起来。

一、城市文化的含义

一般意义上，"城市文化"这一概念等同于"高级艺术"，或者说是城市精英们所沉迷爱好的事物，但是在本文中，上述理解是狭隘的。文化应当被视为一个更复杂的联合体，一个过程或者一种产品，一种生活方式或者一种现象，一种生产或者消费模式。文化是有着某种特定含义和价值取向的表达，这种表达不仅是针对艺术和学习的，也包括日常和制度上的行为。

二、文化策略得到广泛应用的原因

越来越多的政府和规划部门将文化策略作为城市发展和复兴的手段，其中具体的缘由是复杂的，但是可以扼要地归纳出政治、文化和经济上的原因。

首先，城市化的发展步入信息社会与后工业社会阶段，城市文化的后现代现象也日趋明显。城市从工业中心、生产中心转变为文化中心和消费中心。以大众文化为主导的城市文化形态，将日趋呈现消费文化的特征。

其次，随着以"后现代"美学为特征的文化消费和需求模式的出现，政府及公众对文化的态度也在转变。文化的投资不再单一地集中在传统的地区，比如北京等大城市的中心区。

最后，也是最重要的，文化策略得以发展的原因是文化在市场经济中所扮演的角色越来越重要。城市本土艺术和文化生活可以为当地政府所利用，成为一个城市区别于其他竞争城市的特色之一。政府通过强调当地能提供高品质的生活来吸引投资者。这种文化概念也是城市经营的重要组成部分之一。

综上所述，文化在城市的市场经济策略上扮演着关键的作用，因为它们不仅提高了城市的可识别性，而且还展示了城市的生活品质，从而既能吸引投资，又增强了市民自豪感。因此，文化策略在城市改造中作为一种技术手段，已经在不同程度上被各地的政府和规划部门所采用。

三、以文化重建为策略的城市设计方法

大多数从文化角度进行城市重建的方法的理论和实践基础是从欧洲和美国的一些旧城所提供的模型发展而来的[1]。这种城市文化重建项目一般采取的形式是由市政府制定一系列的政策并贯彻执行。这些政策综合了艺术、社会和经济，衰败的旧城区复兴只是其效果之一。目前中国城市规划界也越来越多地在旧城改造过程中利用文化，这与大众越来越理解文化与土地利用规划和经济发展措施之间的密切关系有关。

1.可利用文化重建进行复兴的城市街区的特征

不是所有的旧城街区都适用文化策略来进行复兴。也就是说采用文化重建的城市设计方法有一些前提条件，而可行性研究评估的方面包括建筑的规模和类型、空间尺度、经济行为模式和生活风情等。概括地说，这一类型的街区具有高识别性的空间和文化风格。具体特征如下：

（1）一般位于旧城的中心区，靠近主要的商业零售区。中心的区位使得这些区域的可达性很好，而且日常使用的功能要求较少。这一地区行为活动以休闲娱乐为特征（例如酒吧和咖啡厅等）。

（2）公共空间设施如街道和广场等充足。街区内的文化娱乐设施跟消费和生产都有关系，比如，音乐厅、录音室、电影院、集市和工艺作坊等。这样更能适应集会活动或者休闲娱乐的需求。

（3）用地功能上是复杂且混合的。"功能复合"产生了经济上的多样性，提供了更人性化的环境，而且帮助提高了该区域的包容度和自我满足的能力。

（4）文化活动密集且频繁，或者有独特的生活风俗民情或建筑环境风格，是蕴涵生机和活力的区域。这样便于利用当地的文化为当地环境创造吸引力。这一点可以通过公众参与创造环境艺术来做到，这也有助于让更多的人真正理解这个地区。

2.以文化重建为策略的城市设计方法

我国城市发展过程中的郊区化、标准化和私有化综合作用的结果就是城市公共空间逐渐丧失社会内聚性。公共空间缺乏活力，城市空间利用上缺乏安全性和便利性问题不断涌现。质量恶劣的公共领域和建筑环境与一个城市乏味的社会生活是直接相关的，美国的大城市在20世纪60年代也曾面临类似的问题，后来发现要让一个城市的社会生活复苏，应该给予道德、社会、心理和经济上的刺激[2]。

在后工业城市的复兴中对文化的利用是在"经营城市"的过程中与城市设计联系起来的[3]。城市经营理念是以关心城市在全球化市场竞争的环境下如何吸引就业和投资的程度为特征的，地方政府的注意力集中在如何发展经

利用城市设计进行文化复兴的建议

表1

相关主题	概念	具体措施
（1）公共领域/场所	渗透性	联结一系列的公共空间；景观/街景
	多样性	混合使用；水平和垂直肌理
	可识别性	节点、边缘、路径、区域、地标建筑的独特性
	界面和尺度感	建筑进深/面宽/高度；坚硬/柔软
	舒适/安全性	人体尺度；人车分流
	定义空间	空间围合
（2）环境改善		铺地，街道小品；照明，柔性景观美化色彩、样式和材料多样化
（3）文化行为	文化设施	消费/生产
	文化活动	展览、演出等
	地域生活特性	风俗民情
	夜间经济	酒吧、电影院等
	建筑作为艺术	文化公建
（4）建筑开发	保存	区域保护策略；建筑遗产保护技术
	创新	混合功能
	可持续发展	循环利用
	形象	文脉暗示
（5）公众参与		设计过程中和文化行为中的考虑
（6）设计要点	文化策略	区域消费及其促进监测和评估
	景观策略	整合建筑/自然环境
	城市设计团队	专门的多专业合作政策/执行团队

资料来源：据Lynch（1959）、Montgomery（1990）以及Bianchini& Parkinson（1993）等的著作自绘。

济上。为适应新的市场经营和增强市民自豪感，改建老城区的和创造新城市景观的要求日趋迫切。这是城市管理者需要让他们的城市从市场竞争中脱颖而出的结果，这就特别强调城市的环境、社会和文化生活。

但新城市景观的创造不单纯是一个空间规划和设计的过程，同时还包括对城市的社会、政治和经济文化生活的设想。按照上述文化街区的特征，可以定义出若干城市设计的要点和一般措施，作为以文化重建为策略的城市设计方法的指导性建议（表1）。这个框架是从大量现存的城市设计模式和建筑设计项目中提炼出来的。这个表格并不是要对设计方法和文化活动进行详尽的说明，也不是要解释这两者是如何发生关联。它只是阐述了实践方法的基本元素。可以说，以文化重建为策略的城市设计法超越一般的空间设计方法，是一种强调政策和过程的设计方法。

四、文化重建在传统街区复兴中的作用

1.有地域特色的生活和文化活动的消费可以通过吸引人群向一个地区聚集带动其他经济活动的出现，从而提高"非文化"设施的使用率，如酒吧、饭店和公共交通等。从这个意义上说，文化事件及其场地可说是经济活动和投资的催化剂。

2.文化消费不仅能吸引人们到不同的地方去，而且还是在不同的时间去，例如夜间经营的商店、夜间剧场、酒吧等等。合理利用这一概念就能创造一个"24小时的城市"。

3.因为有增加活动的数量和时间的效果，文化可以起到让一个地区在社会和经济上活跃起来的关键作用。城市的一个区域通过引领一系列的丰富综合而且互相支持的活动，能够帮助衰落的中心区复兴起来。

4.利用文化的生气可以创造有活力的城市区域。公共场所、广场和公园发生的事件让这些地方充满内涵，从而给这些场合带来活力。文化就是通过这种方式，与建筑环境相结合，共同打造出场所感。

因此，文化是城市公共领域的一个关键组成部分，因

1. 地段现状建筑与空间图底关系
2. 商业街现状照片
3. 沿街房屋现状照片
4. 兴隆桥现状照片
5. 平日午后在成都市文殊院内喝茶的民众

为城市的空间、街道和广场形成了城市的特色。为了确保公共领域健康而有活力，文化应该通过新的发展计划、环境整治项目或者公共艺术等媒介融入到城市设计之中。

五、都江堰蒲阳镇历史街区改造案例分析

1. 项目的背景

都江堰市位于四川成都平原西部，距成都56km。该市旅游资源丰富，拥有世界遗产都江堰水利工程和素有"青城天下幽"之称的道教发源地青城山。蒲阳镇是都江堰市的历史重镇，此次改造的范围——麻柳河沿岸是民国时期形成的传统街区，是历史上蒲阳镇的商业文化中心。

地段内用地功能混合，包括一条每周一三五为集日的商业街、居住区和卫生所等生活服务设施。街道和建筑尺度宜人（图1），商业气氛与生活气息较为浓郁（图2）。商业街内除了一般商铺之外还有一处废弃的古戏院、5家茶馆及若干音像店、澡堂等。街区内多为四川民居风格的1～2层建筑，建筑年代多为民国时期，但多年久失修，房屋质量状况较差（图3），除了木构风雨桥——兴隆桥（图4）和桥头的兴隆茶馆之外，有艺术价值的建筑物不多。随着经济发展和社会生活的变迁，蒲阳镇的新区得到了开发，老区却衰落了。并且因为缺乏财政扶持和吸引投资的产业资源，老城区的复兴欲振乏力。

2. 区域的地方生活文化特色

成都平原地区具有很强的地方生活文化特色，生活节奏较慢，居民喜欢闲适的生活，休闲是生活中必不可少的重要部分。休闲茶座、消夏夜啤酒长廊、麻将馆、农家乐等各种休闲形式均为该地区人们所喜闻乐见（图5）。气候条件允许的情况下，人们的休闲活动大都在户外进行，休闲产业中尤以餐饮业最为发达。

都江堰市有5条河流穿过市区，平均气温低于成都，在夏季成为成都市民理想的避暑场所。加上与成都仅40分钟车程的便捷交通，据当地相关部门统计，夏季夜晚每天到都江堰喝夜啤酒的成都市民有5万人之多，业已形成规模效益。

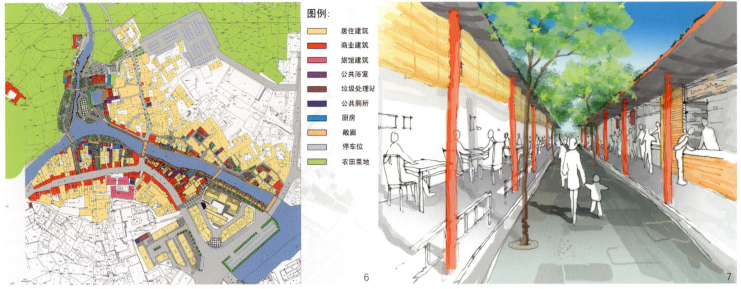

6.规划总平面图
7.商业街与麻柳河之间的通廊透视图
8.沿河立面设计方案

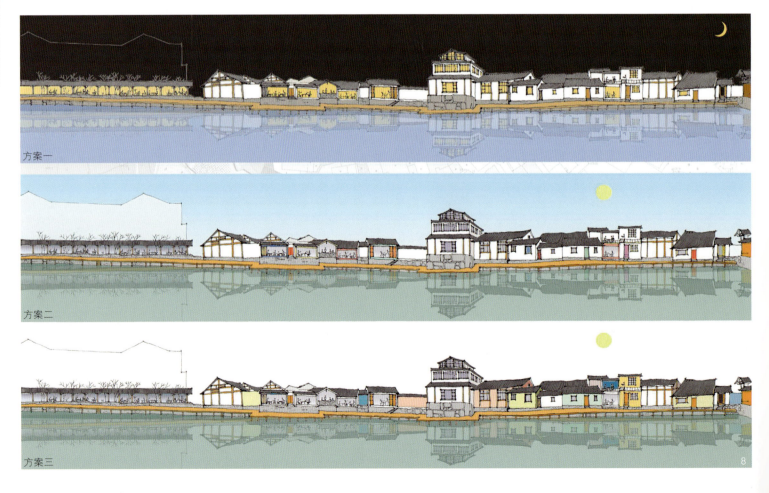

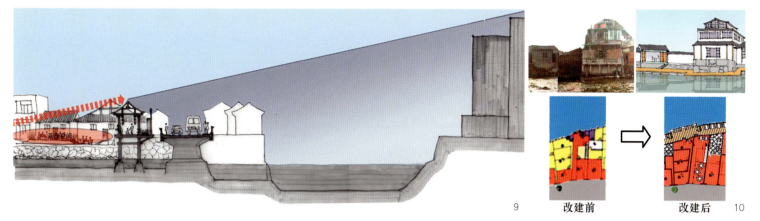

9. 在现有公路桥旁新建木廊桥作为空间收头，既使人车分流又屏蔽了周边的多层新建筑
10. 地段内居民房屋改造建议方案

因此可以利用并强化这一地区和当地居民的生活特性来恢复甚至提升老城区生活的质量，用文化重建的城市设计方法来复兴蒲阳镇的传统街区。人们游览、感受历史街区的生活氛围本身也是一种体验，闲适生活的场所感将是历史街区的一种吸引力与潜在资源。

3. 城市设计思路

综合区位文化等背景和地段资源与问题，此次更新规划将蒲阳镇老城区定位为以传统街区闲适生活为特色的餐饮娱乐文化中心。为吸引投资和游客前来消费，需要做的是：①借用都江堰市的旅游吸引力；②发挥蒲阳镇气候风景、民居风格和民俗风情优势；③改善街道空间和民居环境。

具体空间规划要点有：①清理被垃圾污染的河道，修建橡皮坝调节水量。②通过搭建木栈道、垒砌鹅卵石小路及建造水边平台与小广场，营造沿麻柳河两岸的水街，并藉由通廊和加建小桥与原有商业街交融呼应（图6~7）。③地段内建筑以整旧如旧的原则进行简单的修缮，保持原有建筑风格的同时适当强化活泼的元素（图8）④做好空间界定和端头处理（图9）。⑤整修兴隆桥，除原有的交通功能之外还可作为小型演出的舞台，成为区域内休闲的视觉中心。

4. 公众参与城市设计和经营

居民可根据街区的整治改造方案，发挥能动性和创造力自行进行房屋的改造（图10）。之后向开发商缴纳少量的环境整治费用，租赁或购买如木栈道平台等商业经营空间，拥有经营权，向政府缴纳税金。家庭式经营的房可以灵活使用，如商住混用，自行制定营业时间等。这样居民既改善了居住条件，又获得了新的经营机会或新的就业岗位。

注释

1. Montgomery. J. Cities and the art of cultural planning. Planning Practice & Research, 1990, 5(3), P17－24

2. Bianchini. F, Parkinson. M. Cultural Policy and Urban Regeneration: The West European Experience. Manchester: Manchester University Press, 1993, 1~20

3. 当时还是记者的简·雅各布斯女士在其1961年出版的《美国大城市的生与死》中指出当时美国大城市的症结所在和解决办法

4. Hall. T. & Hubbard. PJ. The entrepreneurial city: new urban politics, new urban geographies. Progress in Human Geography, 153~174

参考文献

[1] Montgomery. J. Cities and the art of cultural planning Planning Practice & Research, 1990, 5(3)

[2] Bianchini. F, Parkinson. M. Cultural Policy and Urban Regeneration: The West European Experience. Manchester: Manchester University Press, 1993

[3] [美]凯文·林奇. 城市意向. 项秉仁译. 北京：中国建筑工业出版社, 1990

[4] [美]简·雅各布斯. 美国大城市的生与死. 金衡山译. 南京：译林出版社, 2005

[5] [美]阿摩斯·拉普卜特. 文化特性与建筑设计. 常青等译. 北京：中国建筑工业出版社, 2004

[6] 周小丽. 黄鹤楼旧城区传统街巷文化探究—象征文化及场所精神分析. 华中建筑, 2005/06

[7] 姚准. 城市空间研究的文化视角. 规划师, 2006(02)

作者单位：清华大学建筑学院

Panasonic新风系统

——住宅全新换气系统，改善居室生活质量

Panasonic New Central Air System
New housing ventilation system and improved living qualities

盛俐英 *Sheng Liying*

随着高品质高气密性住宅的日益增加，周边的空气环境也随之变化。尤其是近年来，住宅中的有害物质导致中毒事件时常发生。比如，新装修的住宅入住后，很多人出现刺眼、喉咙痛、头晕呕吐头痛等"新居症综合病"，这些都是因为装修材料、家具、日用品等散发出的甲醛和挥发性有机化合物造成的，长期生活在化学物质浓度高的空间而不进行有效换气，将对身心健康产生严重影响(图1~2)。

为减少能量的流失和确保个人的私密空间，现代住宅
[高密闭性]．[高隔热性]

现在的住宅建筑已经不能象以前的老式住宅那样可以进行自然的换气
室内装修和家具的污染对人的身体造成了很大的伤害

1. 现代住宅

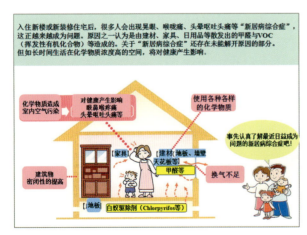

摘选自国土交通省住宅局资料
2. 何为新居病？

Panasonic新风系统通过高性能机器24小时连续不断向室内送入新鲜空气，同时将室内污浊空气排出室外，让您在清新、自然的空气中享受健康舒适的居家生活(图3~5)。

Panasonic双向流热回收新风系统由热回收主机(全热交换器)、送

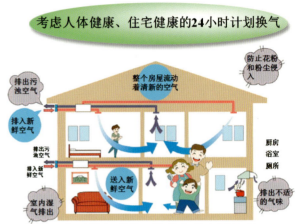

3. 24小时计划换气

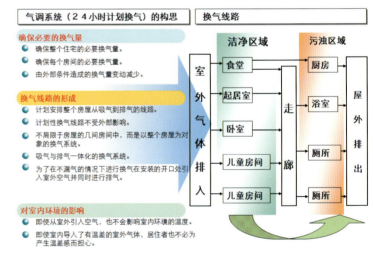

4. 24小时计划换气的构思与换气线路

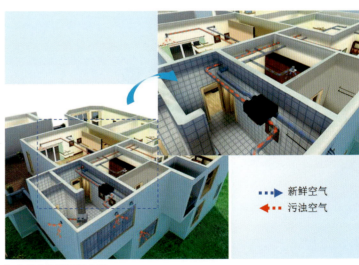

5. 全热交换器换气方案

风管道、排风管道、送风口、排风口及其他附件组成。主机（全热交换器）运转时，新鲜空气从室外引入，通过送风风道送至各房间；污浊空气通过排风风道从主机（全热交换器）排出室外。排风经过主机（全热交换器）时与新风进行热回收交换，回收大部分能量通过新风送回室内（图6）。

在夏季和冬季使用空调的情况下，使用全热交换器新风系统，在引进新鲜空气的同时，回收大部分能量，降低空调负荷，节约能源（图8）。

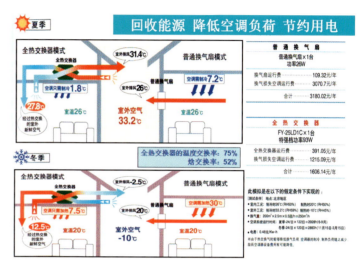

8.全热交换器的经济效应

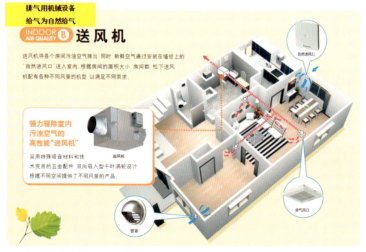

6.换气设备的种类 第一种换气（个别方式）

Panasonic单向流新风换气系统由主机（静音风机）、风道、排风口、自然进风口及其他附件组成。主机（静音风机）运转时，室外新鲜空气从自然新风口引入，在主机（静音风机）形成的压力场作用下，至室内活动区域，满足人员活动的需要，之后，污浊空气通过排风口、排风道至室外。气流组织方式科学合理，持续低风量设计，运行时低噪声低能耗，并保证最佳的空气品质（图7）。

夏季使用过程中，热气由高处向低处移动时，湿气同样也移动。炎热、潮湿新鲜的室外空气通过热交材料制冷后冷却、干燥，送入室内，同时室内污浊的空气直接向室外排出；冬季使用过程中，干冷新鲜的室外空气，通过热交材料制热加温，作为含有湿气的温风向室内送风，室内污浊空气直接排出室外。

随着生活水平的提高，越来越多的人们关注健康的居住环境，拥有松下新风系统，让您的家与大自然一起伸展呼吸！

7.换气设备的种类 第三种换气（负压式）

作者单位：松下电器（中国）有限公司环境系统营销公司

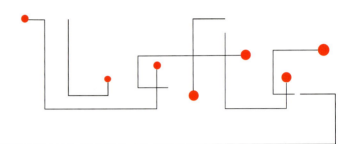

深圳特区三十年极具纪念意义的活动

2009年深圳建设行业影响盛大的事件
品牌企业发掘商机·快速提升的平台
房地产相关企业共襄未来发展的盛会

系列活动

1. 评选优秀勘察设计企业和勘察设计代表作品 (2009.5-8)
2. 举办"未.建成.深圳三十年"主题论坛 (2009.9)
3. 举办"未.建成.深圳三十年"建筑作品摄影大赛 (2009.11)
4. 出版"未.建成.深圳三十年"建筑作品选上/下册 (2009.11)

主办单位： 中国建筑工业出版社
　　　　　　《住区》杂志社
　　　　　　《住宅与房地产》杂志社
承办单位： 深圳市品筑文化传播有限公司

SPONSORED BY: CHINA ARCHITECTURE AND BUILDING PRESS
　　　　　　　COMMUNITY DESIGN MAGAZINE
　　　　　　　HOUSING AND REAL ESTATE MAGAZINE
UNDERTAKEN BY: SHENZHEN PINZHU CULTURAL DISSEMINATION CO., LTD.

组委会

联系电话： 0755-82418503 / 82418583　**传 真：** 0755-82473859
联系人： 胡明俊
E-mail：szgenius-photo@126.com